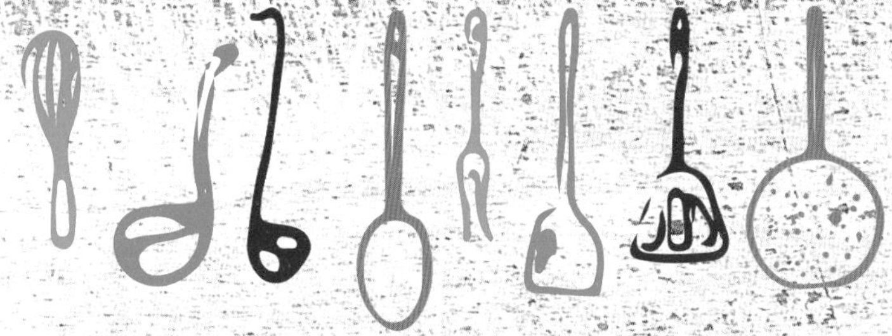

素食笔记

[意] 辛西娅·特伦奇　著　　王建民　译

河北科学技术出版社

Vegan Cookbook

美味兼顾营养
引领健康潮流

目录

素食笔记

序言

　　以豆类、谷物、蔬菜

和水果为基础的饮食，是通往身体健

康和提供生命能量的通行证，现在这一观点应成为

广为人知的共识。鉴于这种饮食方式更利于环境保护，

因此完全可以成为人类饮食的必然选择。素食主义究竟

是一门饮食哲学，还是健康福祉？其实这一问题的答案已经明确，即素食

主义两者兼而有之，只要人们知道了素食饮食所带来的好处以及素食道

路上所遇到的困难，就能够意识到这一点。我们知道，食物除了作

为营养成分的重要来源之外，也是我们快乐的源泉；食物在我们的

庆祝、聚会以及业务谈判等活动的过程中都发挥着最基本的作用。

素食主义需要付出看似不可逾越的牺牲，特别是当你知道哪些食物可

以用来替代牛排、家禽、鸡蛋、鱼、糖、蜂蜜食物等的时候，情况更是如此。

　　本书并不奢望成为某种饮食伦理学的哲学著作，而是旨在给你提供一个工

具，使你能够更多地了解什么是重要的新饮食规则（素食主义于1944年诞生

于英国），并让你知道可以怎样从杂食性饮食过渡到没有动物蛋白质、动物脂

肪和动物衍生物的饮食方式。在这一过渡过程中，需要感谢大自然赐予的丰富

的豆类、多样性的谷物、适应性的干果、季节性的蔬菜、植物的种子以及香料

和香草。本书皆是简单的食谱，并且其中许多食谱都是快速又有用的饮食提示，能够帮助你摆脱大量繁琐的准备和复杂的烹饪操作，而这些所花费的时间对于我们大多数人来说都是非常宝贵的。

本书用四个部分带你探索和了解食品的价值，从谷物、面粉和奶油汤开始，进而到存在于奶酪和饮料中的豆类食物，再到富含纤维、碳水化合物和维生素的蔬菜，最后到水合重要来源的新鲜水果（干燥的水果给我们的饮食带来糖分和矿物质，对我们的身体健康至关重要），让你一步一步地全面认识素食主义。

对于那些希望做出健康素食、想要把普通的厨房菜肴变成可口的美味食谱的人来说，这本《素食笔记》将会为你提供最实际的帮助。本书包含了诸多有价值的提示，包括如何取代杂食支柱的饮食，将那些通常不为人知的食物带到我们的日常烹饪过程中。还有一个关键点，告诉你如何制作"蛋黄酱"这种素食美食。酱汁是基本的原料，配合燕麦奶油、玉米油、芥末或者混合鳄梨、香料，为蔬菜制作出美味的营养伴侣。此外，如何使谷物和面粉看起来更加美味？除了五颜六色的季节性蔬菜外，另一个重要的材料就是植物种子，这些味道十足的"小宝石"，充满了有益于我们身体健康的元素。亚麻籽、奇亚籽、芝麻或南瓜籽，让你的菜肴外观更好看，为美食添加五颜六色的色彩，而且令口感更加多变。香草也是一个关键的原料成分，完美的菜肴离不开香草的芳香以及其完美的装饰性，因为菜肴的外观绝对是评价烹饪好坏的重要组成部分之一。简而言之，食物应该以最好的方式被呈现出来，让我们的饮食更加健康，更加丰富。

与此同时，调味品在烹饪过程中也发挥着至关重要的作用。我们可以用植物黄油替代动物黄油，这对很多菜品都是可行的。我们也可以将榛子、核桃和花生油混合搅拌在一起，除了搭配在一起非常美观以外，它们也是沙拉、汤和蛋糕的完美搭配。酸梅醋、苹果醋、柠檬和橙汁也可以用来给沙拉增添一丝风味，使沙拉更加美味。还有一个重要的食材——大豆，无论是人造黄油、植物奶油，还是豆腐或其他衍生物形式，大豆都是一款多变、美味的食物，而且不管它以何种形式存在，都不能被忽略，因为大豆的使用十分自由。此外，大豆还可以帮助解决厨房中的许多小问题。

其实在我们的饮食中，只要你掌握了食材的特性，任何食材都是多变的。这一点首先适用于所有加工后的食物以及可改变的食物。我们可以将它们融入我们的饮食之中，但要适度，这不仅涉及大豆，而且还包括大米、小麦和玉米等。

对于姜黄、彩椒、咖喱粉、辣椒、不同品种和颜色的调味品，我们可以放心使用，而不必担心被强烈的味道所淹没。专家强调，由于这些食物含有对我们身体有价值的物质，因此对我们的身体健康是非常有帮助的。同时我们也不要忘记盐的作用，当然最好是粗盐，而且要谨慎使用。选择食盐的颜色或纹理，并且仅在烹饪后添加；这样你可以使用较少的盐，烹饪出味道更好的菜肴。那么什么可以替代牛奶呢？同样是营养丰富且美味的饮料，利用燕麦、大米、大豆、杏仁和椰子，你可以在家里制作出完美的调味汁、甜点、冰淇淋，也可以做成爽口且富含矿物质的饮料。至于糖和蜂蜜，在素食主义者眼中，甜味剂是微不足道的。对于那些无法抗拒甜味剂的人来说，虽然最好的选择仍然是蕴含在水果中的天然糖分，但也可以接受替代甜味剂的红糖或者麦芽糖。枣泥是甜味甜点极好的替代品，无花果、杏仁、香蕉和椰子粉等食物也是很好的替代品。

只要你能够意识到你所做的"善事"不仅有利于自己的身体健康，而且还有利于我们的地球，就会有各种各样的口感、成分和新组合可供选择，有无限的方式来使自己沉溺于食物世界里。

素食美食

　　首先是逐渐消除对来源于动物性食物的依赖，并慢慢地把那些不属于我们家庭饮食习惯的食物添加到我们的饮食中。在推荐低蛋白或者无蛋白的饮食上，包括来源于动物的物质，专家们的意见越来越一致。除了会对环境方面造成影响之外，以动物来源的食物作为饮食基础似乎是造成越来越多健康问题的主要原因之一。我们的饮食应该多样化，尝试每天吃不同的食物，这样我们的身体才可以吸收更多有益于身体健康的营养元素，时令水果和蔬菜都应该是我们饮食的必备食物。食物和生活是一对不可分割的组合，是我们必须永远都不能忽视的两个方面。所有食物都是珍贵的食物，食物的能量含量不应该被忽视，而最重要的是必须尊重大自然的选择，例如冬天不能吃在夏天成熟的食物。多准备一些简单但丰富多彩的菜肴，多做一些色香味俱全的菜肴。这看起来似乎微不足道，但它绝对有助于减轻我们改变饮食所做出牺牲的感觉。尝试与纯素食同样重要的饮食，需要同时重视饮食相应的局限性。如果你感觉虚弱疲惫，请咨询专家的意见。我们所选择的任何食物，都应该能够提高我们的身体活力，使我们感觉更强壮、更健康、更快乐。在可能的情况下，尽量选择你可以确定来源的食物，选择本地生产的食物，最好是新鲜的、季节性的以及有机的食物。当你感到饥饿时，我们不应该强迫自己去接受某种不健康或影响健康的食物、调味或香料。

　　正确的饮食不是以做出牺牲为代价的饮食，除非是出于健康问题考虑，强

迫你必须遵守特定的饮食指南。良好的饮食习惯包

括食用季节性新鲜水果和蔬菜，这可以保持身体健康，

但必须辅助以碳水化合物、蛋白质和植物脂肪。在任何饮食中，

特别是在素食饮食中，必须保护好我们的消化系统，确保为身体提

供足够的营养供应。多食用那些富含益生菌（纤维）的食物，可以补充身体所

需的益生菌（例如味噌和泡菜中包含的益生菌），从而确保健康的肠道菌群。

燕麦

我们可以找到各种形式的燕麦，去壳燕麦、燕麦片、燕麦粉、燕麦奶油和燕麦饮料等。燕麦富含蛋白质、高纤维，有助于保持低水平的胆固醇。如果燕麦种子在加工期间保持完整，就不会改变其中的脂质含量。铁、钙、钾、磷和锌等矿物质使燕麦这种碳水化合物成为素食者的支柱食物。燕麦味甜而宜人，适合制作曲奇、蛋糕、饼干、甜味或咸味汤。燕麦奶油非常适合用在意大利面食、意大利调味饭和蔬菜菜肴中。

小米是一年生草本植物，其种子不含谷蛋白，因此推荐给那些患有麸质过敏症疾病的人食用。小米易消化，具有高蛋白质含量、膳食纤维、糖、维生素A和矿物质，如铁、钙、钾、镁和锌。由于小米中含有硅酸，因此有助于强化头发和指甲，是真正有利于美容以及身体健康的食材。小米多以小米粉、小米粒和小米片的形式出现，是制作汤、小米球、蛋糕和饼干的绝佳原料，既可以和其他谷物一起搭配食用，也可以单独食用。因为不含谷蛋白，当使用小米作为原料制作蛋糕和面包时，此原料不容易粘在一起。

碾碎的干小麦

碾碎的干小麦是一种非常古老的食物，你可以买到原料，也可以买到熟品。在后一种情况下，将麦粒蒸煮，然后切碎。无论是哪种食用方式，在家里用麦子种子制作美食都是件非常容易的事情。碾碎的干小麦与整粒小麦具有相同的营养成分：都富含碳水化合物，具有很高的蛋白质含量（约13%），并包含有益于消化的纤维。干小麦富含铁、锌、钙、钾和磷等矿物质。这种谷物含有大量的烟酸，也称为维生素B_3或维生素PP，其有助于保护体内黏液，另外还富含叶酸，即维生素B_9。

作为人类最早种植的农作物产品之一，小麦分为硬质小麦（富含面筋和蛋白质）和软质小麦（几乎不含任何纤维）两种。小麦作为一种高能量和地中海饮食基础原料，是铁、钙、钾、磷、锌、硫胺素和叶酸的重要来源。与豆类食物一起，小麦可以替代蛋白质和动物衍生物。最好用燕麦替代面粉、面食或面包中的小麦，以保留其中所有有益营养成分。

小麦

小米

面筋

面筋是谷胶（主要是小麦）制成的面团，煮熟后加入海藻和酱油调味。在商店，你可以找到面筋的自然形态，或熏烤过的方块状面筋以及切成片的面筋。但是我们在家里怎样制作面筋呢？方法很简单，只需向面粉中加水，用手搅拌，将蛋白质（趋于聚集在一起）与其他成分分离开来。面筋是一种非常好的配料，具有坚实的质地，吃起来像肉，还具有重要的营养特性。

15

荞麦

三角形荞麦碎粒含有非常丰富的淀粉和蛋白质。它们含有赖氨酸和色氨酸，是我们饮食中所必不可少的氨基酸。荞麦能够保持低血糖水平，控制低密度胆固醇。它不含谷蛋白，因此推荐给患有麸质过敏症疾病的人食用。应该定期以荞麦粒或荞麦面粉的形式食用（如用于制作意大利面食）。麦粉非常适合添加到汤或沙拉之中，也适合制作薄饼和面包用的面粉。荞麦具有一种新鲜和令人愉快的味道。

大麦

全麦面粉

大麦是禾本科谷物的一种，不推荐患有麸质过敏症的人食用。大麦含有低脂肪，易于消化，每100g大麦含有1335J热量，蛋白质含量达到10%。大麦富含钾、镁、铁、硅和锌等矿物质，是人体矿物质的重要来源，并且由于存在维生素E和维生素B，因此它是素食饮食的基本成分。如果你患有麸质过敏症，那么你应该知道，麦芽、啤酒和威士忌都是大麦制成的产品。

藜麦的通用名。这一谷物的小种子是减少动物蛋白摄入量饮食中的重要组成部分。藜麦富含维生素E、铁和维生素C。对于那些患有麸质过敏症疾病的人来说，它是含有谷蛋白的那些经典谷物的最好替代品。藜麦制作方法简单，烹饪大约29分钟即可。藜麦面粉与小麦面粉能够很好地混合在一起，并且麦粒是制作汤、藜麦球和沙拉的理想选择。

藜麦

由于全麦面粉富含营养成分，因此任何饮食都应该使用全麦面粉。全麦面粉在素食饮食中也是非常重要的，因为它能够维持矿物盐、维生素、纤维、蛋白质、碳水化合物等物质的原始水平。理想情况下，应当在食用时将其麦粒研磨，以便保持所有成分的完整性和活性。市场上有很多可用于将谷物研磨成面粉的设备，但是只能处理少量面粉，因此仅适合家庭烹饪。

全麦面食

不言而喻，全麦面食是一种均衡食物，由于其含有有益健康的成分，因此推荐作为素食饮食。根据制作全麦面食所使用面粉（小麦、斯佩耳特小麦、荞麦等）的不同，其种类也有所不同，但全麦面食绝对能够保持原始谷粒的纤维、维生素和矿物质成分。

白米

白米容易消化和吸收，推荐给那些有消化问题的人食用。白米是一种不含谷蛋白的谷物，适合那些患有麸质过敏症疾病的人使用。虽然白米富含钙、钾和磷，但白米纤维和维生素含量低，如烟酸和叶酸含量较低。白米是制作许多美味菜肴的很好原料和调味品，你还可以用白米给美味和香喷喷的菜肴增添最后的润色。

黑米具有天然的黑色和芳香。用少量的水煮制黑米，然后与蔬菜、富含油分的种子、新鲜香草和香料一起调味，味道堪称完美。黑米含有花青素，是保护细胞免受自由基损伤的重要元素。黑米是铁和硒元素（肠功能的调节剂）的来源，可以降低体内低密度胆固醇含量，增加高密度胆固醇含量。黑米易于消化，建议儿童和老人食用。

糙米

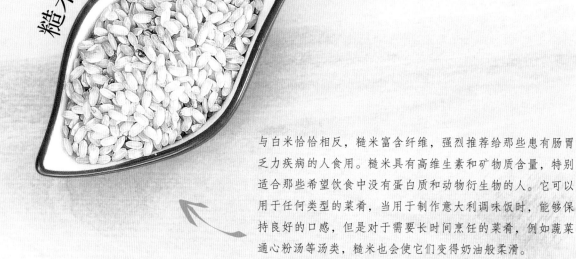

与白米恰恰相反，糙米富含纤维，强烈推荐给那些患有肠胃乏力疾病的人食用。糙米具有高维生素和矿物质含量，特别适合那些希望饮食中没有蛋白质和动物衍生物的人。它可以用于任何类型的菜肴，当用于制作意大利调味饭时，能够保持良好的口感，但是对于需要长时间烹饪的菜肴，例如蔬菜通心粉汤等汤类，糙米也会使它们变得奶油般柔滑。

红米具有天然红色，全谷物大米，味道新鲜、独特。虽然红米需要相当长的烹饪时间（大约需要40分钟），但是它能保持独特的口感，使其非常适合搭配沙拉或水果和蔬菜混合。由于其具有较高的食物饱足指数，因此是理想的饮食原料。红米有高胆固醇含量，有助于调节胆固醇，降低有害的低密度胆固醇（LDL），并增加有益的高密度胆固醇（HDL）。红米是维生素B$_6$、铁、锰和锌等元素的宝贵来源。

红米

黑米

菰米

米（水生菰）是一种自然生长的草，由于其质感特   而被同化为稻米。菰米呈细长状，颜色多样，从深棕色   深红色以及棕色。菰米需要较长的煮时间，具有独特的味道，   此成为乏味蔬菜饮食的完美搭配。菰米为自然全谷物，富含钙、   、钾、磷和锌元素。

白色鹰嘴豆

豆科一年生草本植物鹰嘴豆的种子。鹰嘴豆富含蛋白质、淀粉、脂肪、B族维生素和维生素E。鹰嘴豆含有钙、钾、磷和锌等矿物质。鹰嘴豆是制作沙拉、奶油汤、意大利弗卡夏面包等美味菜肴的完美原料。值得一提的是，鹰嘴豆在煮沸之后，白天饮用几次，有利尿的效果。

柔软、美味，让人联想到栗子的味道和质地。和其他豆类食物一样，红芸豆是替代肉食的绝佳食材，特别是当与碳水化合物、水果和蔬菜等食物一起食用时。但是有一点要注意，豆类食物容易形成肠气。在烹饪红芸豆时，可以简单地添加1茶勺磨碎的姜或1块海带，也可以添加香草和香料，如香薄荷、孜然、香菜和大蒜。

芸豆

黑色鹰嘴豆

黑色鹰嘴豆与白色鹰嘴豆不同，黑色鹰嘴豆的外皮颜色较深，这使其看起来更加令人赏心悦目。和所有干豆类食物一样，黑色鹰嘴豆在使用前需要浸泡。每100g黑色鹰嘴豆含有1398J热量。它们能够显著降低低密度脂蛋白胆固醇，从而有助于改善血液循环。由于其含有纤维和复杂的碳水化合物，因此黑色鹰嘴豆能够给你带来愉快的饱腹感。

豆类食物是素食者和素食饮食的支柱之一，各种不同豆类品种的营养成分非常相似。鉴于其含有蛋白质和复杂碳水化合物，它们被普遍认为是"穷人的肉食"。意式红豆的味道和质地备受推崇。根据豆类食物的不同烹饪方式，可以用来制作光滑的奶油汤。

意式红豆

这些红小豆对促进人体健康极为重要。它们也被称为红色小豆，是日本料理中非常普遍的原料，用于制作很多美味菜肴。小豆富含钾和锌等矿物质，纤维含量高，具有净化功能，有助于增强免疫系统，特别适合纯素食饮食。非常适合作为汤和沙拉的原料，每100g红小豆含有1130J热量。

红小豆

黑色巴达豆

黑色巴达豆（Black Badda Beans）是一种美丽的黑白色豆子，外观很像太极阴阳的符号，生长在西西里岛的马东尼国家公园。它有一种非常美味的味道，即便不剥去外皮，煮熟后也会变成奶油状。巴达豆很容易消化，是做汤和沙拉时很好的搭配原料。与其他豆类品种一样，它们富含B族维生素、维生素A、维生素C、纤维以及铁、镁、钾等矿物质。每100g新鲜豆含有419J热量。

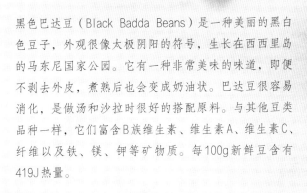

草豌豆

草豌豆，其学名为山黧豆，属于豆科植物。其种子含有非常丰富的蛋白质，含有高能量，易消化，具有明显的降低高胆固醇作用。食用前需要浸泡很长时间，甚至是一两天，中途还需要更换几次水。这一浸泡过程用于减少或者去除种子的毒性，如果频繁大量食用，可能会导致山黧豆中毒综合征。

草本植物小扁豆的种子，属于豆科植物。小扁豆富含蛋白质，很容易消化。小扁豆含有非常少的水分和脂肪，具有高膳食纤维，能够起到通便的效果，还能够调节胆固醇水平。具有高热值，每100g小扁豆含有1360J热量。小扁豆可以在蔬菜通心粉和汤中烹饪，也可以搭配沙拉。如果以面粉的形式烹调时，可用于制作酱汁、调味品和甜点。

希甘特豆

虽然希甘特豆（Gigante Beans）也属于豆科植物，但是豆粒的大小（从小到大）和颜色（明亮的颜色到微妙色调）各有不同。希甘特豆和红花菜豆或利马豆一样，外观很好看，是沙拉的理想搭配。食用前需要浸泡一段时间（8~10小时），使豆皮更柔软，更有弹性，也是为了防止在烹饪过程中裂开。希甘特豆是素食饮食中蛋白质的宝贵来源，具有高饱腹感指数，营养丰富，每100g干豆中含有1381J热量。

一年生草本植物，生产豆荚，属于豆科植物。你可以在春季吃到新鲜的蚕豆，可以生吃，也可以晾干后食用。蚕豆具有高蛋白质、碳水化合物、脂肪和矿物质，如钾、磷、钙以及维生素A、维生素C、叶酸。因为具有高蛋白质含量，所以蚕豆是素食主义者非常重要的食品。每100g新鲜蚕豆含有155J，每100g干蚕豆含有1255J热量。

蚕豆

小扁豆

野豌豆

这些棕色的小种子通常在干燥后被用于制作传统的"穷人"菜肴。它们曾经被认为是杂草，逐渐从花坛和草坪中消失，但由于很多人钟情于它，才没有完全灭绝。野豌豆的豆荚与普通豌豆类似，含有丰富的矿物质元素（如钾、磷）和维生素（如维生素B_1），而且味道很好。干的豌豆种子可以磨成粉，做成好吃的粥。

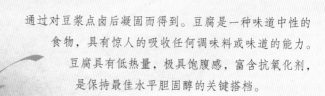

豆腐

通过对豆浆点卤后凝固而得到。豆腐是一种味道中性的食物，具有惊人的吸收任何调味料或味道的能力。豆腐具有低热量，极具饱腹感，富含抗氧化剂，是保持最佳水平胆固醇的关键搭档。

毛豆

人造黄油

对于制作所有饼干、泡芙以及需要使用黄油的菜肴来说，人造黄油都是纯天然的替代选择。稍微付出一点耐心，你就可以自己制作人造黄油。将豆奶、油、卵磷脂和苹果酒醋混合搅拌，就会得到100%的植物黄油。味道和质地绝佳，每100g人造黄油含2637J热量。

素肉是一种具有类似于肉的风味和组织
口感的美食，可以成为动物蛋白质的良
好替代物。这些豆粉块有不同的大小，
是制作肉酱意面、炖菜以及各种高蛋白
质菜肴的理想选择。块状的大豆粉能够
保持豆类的基本特征，因此是素食饮食
中的优良食物。

素肉

毛豆是最易消化的豆类之一，由于其具有高
蛋白质含量，因此非常适合素食主义者的饮
食。毛豆含有约70%的水分，并含有丰富的
钾、磷、钙、锌、铁以及维生素A、维生素
B_1、维生素B_2、维生素B_3、维生素B_5、维生
素B_6和维生素C。毛豆含有卵磷脂，也是至
关重要的元素，因为它能够乳化脂肪。同时，
毛豆还能够抵抗激素敏感性肿瘤。

熏豆腐干

在素食饮食中，人们必须接受某些不大美味的
食物。并且，尽管豆腐是一种健康的食品，但
是如果不搭配以香料、香草和调味料，豆腐的
味道便完全没有想象中那么好。熏豆腐干则不
同，使豆腐有可能做成既有相同营养价值，又
有更强烈味道的菜肴。因此，你可以制作调味
汁，给米饭、意大利面或者煮熟的蔬菜增加味
道，使菜肴更加美味。

大蒜

大蒜是一种草本植物，属于百合科，因其食品调味和活性成分而出名，大蒜包含在蒜头内，具有治疗功效。大蒜蒜瓣能够均衡肠道菌群，通过防止自由基的形成，帮助降低脂肪氧化。大蒜能够作用于低密度胆固醇，具有利尿效果，并且有助于降低高血压。

小油菜

海藻

海藻富含蛋白质和矿物质，有助于降低低密度胆固醇，清洁肠道，促进新陈代谢，刺激肝脏功能，总体而言，海藻有利于身体的排毒。由于钠含量较高，因此应谨慎食用。每100g海藻只含有188J热量。海藻有许多不同的品种：裙带菜，准备快速、简单，是沙拉和速溶汤的理想选择；海带，蔬菜和谷物的完美结合，能够改善消化功能；螺旋藻，能够促进胶原蛋白的合成；紫菜，即食性叶片，适合那些打算尝试自己制作紫菜卷的食客。

抱子甘蓝实际上是植物茎上生长的芽。含有异硫氰酸酯和吲哚化合物，能够提供对抗癌症的保护。抱子甘蓝是制作冰沙和新鲜果汁的绝佳原料，有助于身体矿化和解毒。它们具有高含水量，富含钙、钾、磷和维生素A、维生素C、叶酸。抱子甘蓝具有低热量，每100g仅含有155J热量，和西蓝花、白菜一样，秋季和冬季是食用的最好季节。

抱子甘蓝

属于十字花科植物，富含硫氰酸盐，被认为具有抗癌特性。小油菜有助于降低"有害"胆固醇，并且热值较低（每100g小油菜有约59J热量），强烈推荐在减肥饮食中食用。小油菜以其细腻的味道而成为良好的烹饪原料，绿色叶子和白色菜帮部分均美味，烫或炒均可。它具有非常高的水分含量和维生素A含量。

西蓝花富含钾、钙、磷以及大量叶酸，是纤维和营养元素的宝藏。西蓝花含有丰富的维生素C，是最好的抵抗寒冷和季节性疾病的秋季蔬菜之一。西蓝花是一种抗氧化剂，有利尿特性，具有极好的清洁效果。据说，西蓝花还有抗肿瘤特性，并有助于防治黄斑变性。西蓝花是减肥饮食的理想选择，每100g西蓝花仅含113J热量，水分含量超过90%。西蓝花可以做成蔬菜沙拉，也可以轻度烹饪，用于制作菜汤和蔬菜通心粉汤。

西蓝花

卷心菜

卷心菜水分含量达到92%。具有低热量,每100g卷心菜仅含80J热量。卷心菜的维生素C含量很高,使其成为一种基本的食物,特别是在寒冷的月份。它一直被认为具有药物性质,能够改善成人和儿童的体质和健康。由于其含有化合物和纤维,因此能够通便,帮助肝脏解毒,清洁身体,改善整体身体外貌。

茄子

红菊苣

红菊苣是一种具有各种形状、大小和颜色的蔬菜,属于菊科植物,并且和常见的菊苣一样,都来源于野生菊苣。每100g红菊苣仅含有54J热量,水分含量高达94%。由于其含有纤维,因此它有助于调节肠蠕动。菊苣含有叶酸、维生素C、钙、钾和磷。无论是搭配沙拉生吃,还是微烫食用,都具有绝佳的味道。如果要实现消化和利尿作用,在100mL的水中煮2~3片叶子即可。

胡萝卜是草本植物。胡萝卜在一年四季都可以看到，有各种不同的颜色，从白色到深紫色。胡萝卜中丰富的营养价值使其成为我们身体健康的重要伙伴。胡萝卜能够保护我们的胃和肠黏膜，有助于利尿和通便。胡萝卜富含β～胡萝卜素，摄入人体后转化为维生素A，促进身体新陈代谢，还具有提神和抗炎作用。作为极佳的原料食材，胡萝卜可作为快餐充饥的小食，也可以用在汤、炖菜中，或者做成新鲜果汁和冰沙。

胡萝卜

是一年生植物茄的果实。茄子有各种类型，形状和颜色各有不同，最常见的颜色是紫色，形状多为椭圆形、圆形或长形。茄子外皮含有膳食纤维、钙、磷、钾、B族维生素、维生素C，因此最好食用时不要除皮。这种蔬菜所含热量低，可促进消化，改善肝功能。

蘑菇

根据季节的不同，可以找到不同类型的蘑菇。特别是生长在春季和夏季的平菇，具有每100g仅含117J的低热量，而且含有人体必需的氨基酸，以及高水含量和蛋白质含量，还含有铁、钙、钾和磷，强烈推荐作为素食饮食。一般而言，蘑菇非常脆弱，必须在购买后尽快食用。

无论是辣、很辣，还是稍微有点辣，红辣椒都适合所有的味道，并且作为一种对我们身体健康非常宝贵的食物，能够将一份普通的菜肴转变为一种难忘的感官体验！红辣椒含有丰富的维生素A和维生素C，其辣的特性能够吸引味蕾和消化过程。红辣椒有很多品种，有新鲜的辣椒或干辣椒等。红辣椒能使任何菜肴变得让人兴奋，也可以做成令人兴奋的辣椒酱。

红辣椒

橄榄

彩椒是一年生植物，属于茄科。其果实新鲜美味，肉质厚实、脆嫩，富含维生素A和维生素C。彩椒为低热量（每100g仅含有92J热量）、高含水量食品，强烈推荐作为减肥饮食食用。彩椒可以给菜肴带来独特的味道、明亮的色彩，可以制作成不可抗拒的开胃菜、主菜和配菜。

彩椒

与大蒜和洋葱相关，大葱属于百合科，在夏季至冬季成熟。大葱含有蛋白质和糖，富含维生素［烟酸（维生素B_3）、叶酸（维生素B_9）、维生素C］和矿物质（钙、钠、钾、磷）。大葱具有非常低的热量，每100g大葱含有113J热量。大葱具有高含水量，能够促进消化和正常排便。由于其美味和质地的特点，大葱是汤和蔬菜炖菜的特殊原料成分。

橄榄是油橄榄植物的果实，属于木犀科植物，是典型的地中海盆地植物。橄榄能够刺激食欲，同时促进消化和正常排便。橄榄能够促进并增加高密度胆固醇，并且含有非常高的热量和高能量。橄榄含有抗氧化性的重要元素以及维生素C和叶酸等物质。橄榄的食用方法有盐水橄榄、橄榄干果、腌制橄榄或调味橄榄。

在大自然中，番茄植物的果实有各种颜色、形状（圆形或椭圆形）和大小（重量小至与樱桃等重，大到1kg左右）。番茄水分含量高达94%，但每100g番茄仅含71J热量，是宝贵的低热量食物。番茄含有丰富的番茄红素，有助于降低低密度胆固醇、甘油三酯和自由基。番茄最好吃新鲜的，特别是在夏天，是制作沙拉和清爽果汁的理想原料。

番茄

洋葱

与大蒜和大葱相同，属于百合科，味道也类似，只是不太强烈。洋葱水分含量超过92%，而且每100g仅含有84J热量。洋葱是一种用于调味的高价值成分，储存对我们的身体健康有益的物质。洋葱含有大量的维生素A、维生素C、叶酸、钾、磷、钙、锌、硫。洋葱葱白中含有硒，因此其还是一种抗衰老食物。

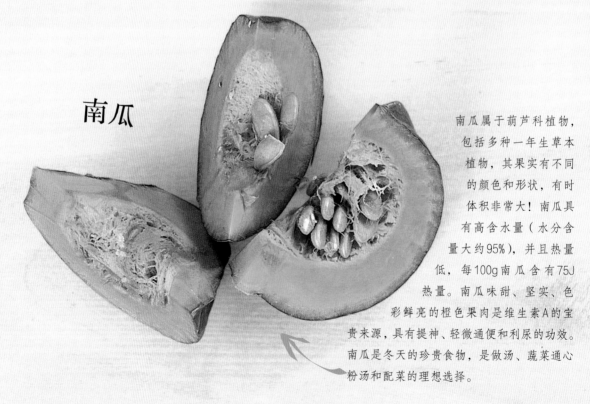

南瓜

南瓜属于葫芦科植物，包括多种一年生草本植物，其果实有不同的颜色和形状，有时体积非常大！南瓜具有高含水量（水分含量大约95%），并且热量低，每100g南瓜含有75J热量。南瓜味甜、坚实、色彩鲜亮的橙色果肉是维生素A的宝贵来源，具有提神、轻微通便和利尿的功效。南瓜是冬天的珍贵食物，是做汤、蔬菜通心粉汤和配菜的理想选择。

马铃薯

和番茄、彩椒以及茄子类似，属茄科，是马铃薯草本植物的块茎。马铃薯有很多品种，如白色马铃薯、黄色马铃薯、紫色马铃薯、甜马铃薯等。作为世界上许多人口的主食，马铃薯营养丰富，并且容易消化。马铃薯的淀粉含量高，使它们成为面食和面包的极好替代品，但是热量较低，每100g煮熟马铃薯含有293J热量。马铃薯富含钾、磷、维生素C和叶酸。

西葫芦

西葫芦是一年生草本植物。果皮具有各种渐变的颜色，从浅黄色到深绿色。

西葫芦是夏天蔬菜，是制作沙拉的极佳原料，可生吃或者烹调后食用。西葫芦的食用方式多种多样，对于有消化问题的人来说，它是非常有价值的食物。西葫芦具有高含水量，水分含量大约95％，每100g西葫芦含有418J热量。西葫芦含有丰富的矿物质（钙、铁、钾、磷）和维生素（维生素E、维生素C、β－胡萝卜素）。

橙子

橙子是一种冬季水果，富含维生素A、维生素C、叶酸。橙汁非常解渴，是维生素增强剂，还具有调色性能。建议在抗寒、抗自由基时食用。而且橙子含有钙和钾矿物质，能够促进细胞活动。橙子具有低热量，每100g橙子只含有142J热量。橙子含有纤维，有助于调节肠道运动。橙子可以切片，也可以新鲜压榨，都是非常好的食用方法，同时橙子也是制作新鲜和美味沙拉的理想选择。

柠檬

作为水果和调味品，柠檬具有对人体健康有益的宝贵特性：抗炎、杀菌、清理肠道和肝脏。新鲜压榨的柠檬汁非常解渴，有助于减缓消化不良，还能够抗坏血酸，使其成为纯天然的胃酸抗酸剂。此外，柠檬还有助于在冬天抗寒。由于柠檬含有大量的维生素C，因而有助于胶原纤维的形成，从而滋润皮肤，恢复肌肤亮度。

柑橘属的水果富含糖分，每100g
柑橘含有301J热量，非常爽口。
由于柑橘的甜味和令人满意的味
道，使其成为理想的自然压榨、
烹饪以及生鲜菜肴甜味剂。柑橘
含有丰富的维生素A、维生素C、
叶酸，是冬天不能被忽视的水果。
此外，由于柑橘含有膳食纤维，
能够刺激肠道活动。

柑橘

金橘

金橘是金橘属小柑橘类水果，可以很容易地
在花园中或阳台花盆中生长。在冬天，小小
的金橘树上结出丰富的果实，非常漂亮。金
橘有浓烈的味道和香气，果皮有甜味，但汁
液很浓。金橘可以整个吃，非常爽口，也可
以煮熟吃或生吃。金橘富含维生素A、维生
素C，同时也是很好的钙源。每100g金橘含
有293J热量。

杏

杏易于消化，富含类胡萝卜素。100g熟杏所提供的维生素A几乎是成年人每日所需摄取量的一半。杏还含有维生素B_1、维生素B_2、维生素C和维生素PP，以及钾、钙、磷和镁的矿物质。杏具有高能量，可以增加身体的自然抵抗力。杏含有低热量，高含水量，是一种理想的、令人满意的零食，无论是杏本身，还是制成果汁和冰沙。由于杏（特别是干杏）具有轻微的通便作用，因此可以用于缓解肠道蠕动缓慢。

香蕉

香蕉味甜，含高能量，营养丰富。香蕉是人们最常食用的水果之一，不仅因为香蕉的美味，而且还因为其营养丰富。香蕉全年均可食用，其膳食纤维有助于调节肠道运动。香蕉含有钾、铁、镁、磷、维生素A、维生素C、单糖、复糖以及少量的水。每100g香蕉含有276J热量，推荐给所有从事体力运动和脑力活动的人食用。

哈密瓜

哈密瓜的水分含量高达90%，具有低热量，每100g哈密瓜含有138J热量。哈密瓜不仅新鲜、清爽，而且具有清洁肠胃、利尿作用，能够帮助调节肠运动。哈密瓜含有维生素A、维生素B、维生素C、烟酸以及钙、磷、铁等元素。作为典型的夏天食品，哈密瓜有助于防暑降温。由于哈密瓜富含维生素，哈密瓜能够促进食物呈现出棕黄色。哈密瓜完全成熟时，切片食用最佳，也是制作水果沙拉、冰沙和饮料的理想食材。

蓝莓

呈现浓烈蓝黑色的小浆果，欧洲越橘灌木的果实，一般在夏天成熟，但常年可以在超市买到。蓝莓有益于视力和毛细血管，还具有消化和杀菌作用，含有维生素A、维生素C、铁、锰、钾、磷，甚至还有单宁酸和花青素，专家认为蓝莓有助于抵抗衰老。蓝莓具有低热量，每100g新鲜蓝莓含有126J热量，是制作冰沙、酱汁、果酱和甜点的理想选择。

桃子

桃树的夏季果实，具有低热量，含有丰富的水分，利尿，易消化，有时候具有轻微通便作用。桃子有不同的品种：白色或黄色果肉，光滑或柔软果皮。桃子有香味，味道不可抗拒，是制作果汁、冰沙和水果沙拉以及精致甜点的理想原料。桃子饱腹感高，爽口提神，强烈推荐作为低热量饮食。桃子含有钙、钾、磷等矿物质，还有具有抗氧化性能的类黄酮。

梨

梨是几乎全年都可以买到的水果，虽然它实际上是在夏天成熟。如果储存在阴凉的地方，梨可以保存几个星期的时间，并很好地保持其香气和质地。梨含有低热量，容易消化，还含有大量木质素，因此能够降低低密度胆固醇。梨适合熟吃，也适合制作成清爽的果汁、水果沙拉、蛋糕和甜点。

除了美味之外，李子具有助消化
和通便作用，还有促进消除尿酸
的能力。夏天和秋天都能看到新
鲜的李子，而李子干果则一年四
季都有。新鲜的李子含水量高，
热量低，并且含有钙、钾、磷等
矿物质，还有维生素A、维生素C、
叶酸。不建议在患有结肠炎或腹
部痉挛的情况下食用李子。李子
可以新鲜生吃，也可以制作成果
酱、果汁和冰沙。

李子

葡萄

葡萄树的果实，被公
认为具有清洁、解毒
和利尿特性，是人体健康和
美容的宝贵食材。葡萄品
种不同，在尺寸和颜色上也会有
所不同。葡萄具有高能量和抗氧化
剂，有助于调节肠蠕动。葡萄也可以
制成葡萄干，以增强能量和增甜能力而闻名。每
100g新鲜葡萄含有255J热量，而等量葡萄干则含
有1185J热量。葡萄和葡萄干两者都含有钙、钾和
磷等矿物质，其中最重要的成分是维生素A和维生
素C。

枸杞

枸杞有抗退化性能，并能够增强免疫系统。枸杞源自于野生灌木枸杞，最初发现于蒙古、西藏和喜马拉雅山，但是几年以来，枸杞已经出口到世界各地，丰富了世界各地的饮食。枸杞含有极为丰富的维生素C，是营养丰富的能量增强剂，每100g枸杞含有1339J热量。专家建议每天食用不要超过30g枸杞。在患有疾病和医疗护理的情况下，建议在饮食前咨询专家意见。

枣

栗子

栗子树的果实，属于壳斗科植物。栗子具有高能量，高饱腹感，含有丰富的淀粉，但不含谷蛋白，因此适合那些患有麸质过敏症的人食用。栗子富含钾、磷、硫、镁和膳食纤维，能够促进肠蠕动，但不建议在患有结肠炎或腹胀时食用。栗子可以用于制作多种菜肴，包括面粉类食物。每100g栗子含有791J热量。

榛子带有木质果壳，其美味的种子能够用于许多甜味和美味食谱。榛子的营养特性使它们成为均衡饮食中非常有价值的成分。榛子具有高脂质、高蛋白质、高膳食纤维的特点，含有钾、磷、钙、镁、铁、铜、硒等矿物质，含有维生素B族、维生素A和维生素E。榛子具有高能量和高热量，每100g榛子含有2616J热量。

榛子

枣是非常有营养的水果之一，不仅体现在对于我们的身体健康，还体现在烹饪中的作用。枣一般带有天然甜味，特别是干枣，并且其柔软的质感非常适合制作美味蛋糕，而不必添加糖。枣具有高能量，每100g枣含有1059J热量，而且含有非常少的水分和矿物质（钙、钾、磷）。枣含有丰富的膳食纤维，能够促进肠运动。

松子

松树植物种类的油性种子，松子含脂肪、蛋白质和碳水化合物。松子是我们身体健康的真正伴侣，因为松子能够在我们学习或体育活动引起的压力时提供能量。松子富含磷和钾，同时还含有钙、锌以及维生素A、维生素E、叶酸。松子具有极高的热量，每100g松子含有2373J热量。当你将松子纳入饮食中时需要谨慎，特别是如果你已经超重。

无花果干

无花果干是一种高能量水果，每100g无花果干含有1130J热量，是糖、维生素和矿物质的宝贵来源。以其天然形式食用时，如果切碎了添加到自然甜的甜点中（包括生食素食），味道极佳。无花果干含有丰富的氨基酸、维生素和膳食纤维，推荐那些患有肠蠕动不规律的人食用。无花果同时还能改善皮肤的质量。

红莓是蔓越莓的一种，多以干果、果酱或果汁的形式出售。红莓具有提神、滋补、利尿和抗炎作用，并且似乎还能够提供对自由基损伤的保护。红莓是一种可用于缓解膀胱炎症状的药物，可以促进胆固醇的平衡，有助于降低"有害"的低密度胆固醇水平。红莓是制作甜点、饼干和冰沙的理想原料。

杏仁

杏仁具有高能量，富含不饱和脂肪酸。据说杏仁能够减缓衰老过程，使它们成为美容的真正搭档。杏仁富含维生素E和叶酸，并含有重要的矿物质，如钙、磷、钾和锌。由于杏仁的纤维成分，因此可以帮助改善不规律肠运动。除了非常适合单独食用外，杏仁也是制作提神、增强能量饮料的完美成分。由于其高热量，建议每天食用不超过5颗杏仁，既能够享受美味、吸收营养，又不会造成任何负面影响。

核桃有助于抵抗高胆固醇，并减少细胞中有害的氧化过程。核桃中含有的脂质，能够促进身体健康，使肤色富有光泽。事实上，核桃油不仅适合厨房，而且还能用于化妆品。核桃中含有单不饱和脂肪酸，如OMEGA~3（欧米伽3），专家认为其有利于防止衰老。核桃含有高热量，每100g核桃含有2763J热量，因此最好不要过度食用。

核桃

红莓

开心果

开心果是开心果树果实的种子，属于漆树科植物。开心果主要含有不饱和脂肪酸（欧米伽3和欧米伽6），可以帮助降低"有害"的低密度胆固醇，并减少细胞中的破坏性氧化过程。开心果含有色氨酸，身体将其转化为5~羟色胺，帮助改善我们的情绪，有助于睡眠。和所有的坚果一样，食用开心果应该适度，因为它们含有高热量，每100g开心果含有2344J热量，并且最好是食用无盐的开心果。

由于燕麦粉具有微甜的味道，使用时可以减少糖的使用量，因此燕麦粉是制作甜点的极好成分。燕麦粉含有大量的蛋白质、脂质、糖类和矿物质，这使燕麦成为缺乏动物蛋白质饮食的重要食物。燕麦粉适用于运动员和任何因为工作或学习需要长时间集中精力的人。燕麦粉适合制作美味和令人满意的饼干、蛋糕和奶油。每100g燕麦粉含有1632J热量。

燕麦粉

椰子特别适用于运动员，因为椰粉富含矿物质，如钾等。椰粉具有利尿特性，具有高水分含量（约50%），并且能够改善肠道活性，有助于消除消化道中存在的毒素。椰子肉适合新鲜食用，或者用椰粉制作美味的饼干和蛋糕。椰子汁是动物奶的良好替代品，具有天然甜味，是理想的止渴饮品，也是美味菜肴的基础原料。

椰粉

当购买小麦粉时，最好选择石磨面粉，它能够保持谷物的性质完好无损。小麦粉有两个基本品种，软质小麦适合制作比萨饼、蛋糕和糕点，硬质小麦适合面食、蒸粗麦粉和粗粮。 面粉可以精制，除去麸皮和胚芽，用于许多食谱，具有低膳食纤维和纤维素，整体更为营养和完整。但对于那些患有麸质过敏症的人来说，这是禁食食物，每100g小麦粉含有约1319J热量。

杏仁粉

在家里制作杏仁粉是非常容易的事情，强烈推荐食用这种营养丰富的产品。使用杵或慢速研磨机，将干燥的杏仁种子转化为完美的杏仁粉，可以用于制作美味的饼干、奶油和蛋糕，具有丰富的有益身体健康的元素。用一杯水冲泡杏仁粉，就能得到一杯具有增强能量的优秀矿化饮料。

榛子的木质壳包裹着酥脆和营养丰富的种子果实。榛子含有蛋白质、脂质、纤维，还含有铁、钙、钾、磷、锌等矿物质，以及叶酸、维生素A、维生素E等维生素，每100g榛子粉含有2616J热量，这些特性使榛子成为不应被忽视的食物。榛子粉非常适合制作低糖含量的蛋糕。榛子也可以以榛子油形式存在。

榛子粉

角豆粉

角豆属于豆科植物，它的果实看起来像一个大木荚。种子和果肉可以用于制作角豆粉，角豆粉可以用来制作甜点、冰淇淋和果酱。由于其颜色和风味的特点，角豆粉被广泛用作增稠剂，也用于制作蛋糕。角豆含有钾、钙、铁等矿物质，富含膳食纤维，能够促进肠蠕动，但不含谷蛋白。

可可粉

小麦粉

可可粉是许多美味和高能量甜品的关键原料。可可粉由可可脂、糖、蛋白质、纤维、可可碱（刺激中枢神经系统的物质）以及钾、钠、磷、铁、锌等矿物质所组成。可可粉制成的食物适合需要集中精力和能量的情况下食用。每100g可可粉含有1486J热量。

亚麻籽非常适合制作爽口汤，也被用于丰富面包和佛卡恰面包原料。亚麻籽有益身体健康，以其润肤特征和刺激消化系统及其功能的能力而闻名，同时还被认为是治疗便秘的极好食物。亚麻籽能够帮助肠道菌群，增强免疫系统。新鲜的亚麻籽烘焙后，可搭配沙拉、意大利面和咸味菜食用。

亚麻籽

奇亚籽

小种子奇亚籽如此有名的原因在于它们具有饱腹感，能够降低"有害"的低密度胆固醇；含有欧米伽3，能够减缓身体组织的衰老过程。奇亚籽口味好，不含谷蛋白，所以它们也适合于患有麸质过敏症疾病的人食用。奇亚籽是制作面包屑以及沙拉、面包和美味小吃的理想原料选择。

根据中医理论，黑芝麻是肾脏和肝脏的盟友，
与白芝麻相反（当治疗相同器官时均有益），
黑芝麻能够有效预防疾病。它被认为是可以帮
助对抗衰老的非常有价值的食物，据说还可以
有效缓解耳鸣。黑芝麻富含钙、锌、镁和维生
素。黑芝麻的油含量有助于肠道润滑，并且由
于其含有纤维，能够调节肠运动。

黑芝麻

葵花籽

葵花籽油非常有名，但是葵花籽本身也是饮食的重要组成部分，因为它们含有丰富的营养成分，有益于人体健康。葵花籽含有许多矿物质，如铁、锰、锌、钾、磷、钙，尤其是叶酸和维生素E，所有特征都使其成为一种很好的日常食物。葵花籽能够丰富面包、饼干、蛋糕和沙拉的口味，由于其具有精致的味道，饮食中加入葵花籽能够带给你真正的饮食乐趣。

大麻籽

大麻籽被认为是一种超级食品，富含有价值的功效。大麻籽具有抗炎和天然抗氧化剂作用，可以增强神经系统功能，有助于抵抗"有害"的低密度胆固醇，减少衰老的影响。大麻籽还含有丰富的铁、钙、镁、钾和磷等矿物质，以及维生素E、维生素A、维生素B_1、维生素B_2、维生素PP和维生素C等多种维生素。它们是豆类、碳水化合物和蔬菜菜肴的理想食材成分。你可以通过将大麻籽粉和玉米粉混合搅拌，制作出美味的玉米粥。

白芝麻

白芝麻含有丰富的脂质和高热量，每100g白芝麻含有2512J热量，也是钙、锌、硒、磷、钾和镁的宝贵来源。白芝麻还含有蛋白质和维生素，如维生素A和维生素B$_6$。白芝麻能够增添任何甜咸食谱的味道，并可以用于任何饮食的食物，特别是那些不含动物蛋白质的食物。

南瓜籽

南瓜籽是心脏的珍贵盟友，有益于保持良好的情绪，夜晚有助于睡眠。南瓜籽非常美味，能够装饰任何菜品，特别是美味菜品。作为一种重要的矿物质来源（铁、锌和镁），它们可以帮助调节你的胆固醇水平，抵消能量的损失，并且对抗炎症、刺激和肿胀。每100g南瓜籽含有1863J热量。

谷物食谱

　　谷物是禾本科草本植物的果实，是人类营养的支柱之一。谷物包括小麦、大米、大麦、燕麦、玉米、小米、荞麦，但是后者属于蓼科植物。有些谷物富含谷蛋白，如小麦，有些则不含谷蛋白，例如小米，因此适合患有麸质过敏症疾病的人食用。我们所熟悉的谷物存在形式包括燕麦片、面粉、饮料和冰淇淋，无论是整粒或者精制，谷物都是理想的制作甜或咸味、加水或者不加水菜肴的原料。谷物含有水分（10%~12%）、蛋白质（燕麦8%，硬粒小麦13%）、高碳水化合物（白米中高达87%）、纤维（尤其是粗谷物）、低脂肪（精白米几乎没有脂肪，燕麦中脂肪高达7%）。所有的谷物都是能源的重要来源，与豆类一起食用时，谷物可以很容易地取代动物蛋白。理想情况下，最好尽可能限制精制谷物的食用，以粗粒或者新磨谷物面粉为宜。

蔬菜燕麦粥

分量
4 人份

100g 燕麦片；500mL 蔬菜汤；2个胡萝卜；2个西葫芦；2根小辣椒；
1束香草：牛至、迷迭香、马郁兰；2汤勺特级初榨橄榄油（20g）；
盐；胡椒粉

难度
简单

1. 清洗和修剪蔬菜，然后切成小块。

2. 加热油，放入香草。当闻到香味后，取去香草。加入蔬菜，
   烹炒7~10分钟，放入盐和胡椒调味，加入几汤勺热水，使蔬
   菜不会变干和烧糊。

3. 汤煮沸后加入燕麦，搅拌均匀，加入盐和胡椒粉调味，2分钟
   后取出。

准备时间
5分钟

4. 将蔬菜添加到燕麦粥中即可食用。

烹饪时间
10分钟

大麦豆沙拉

分量
4 人份

100g大麦；200g煮熟的豆子，根据你的喜好选择品类；1头洋葱；2个彩椒；2根新鲜的中辣红辣椒；1个青柠；4汤勺特级初榨橄榄油（40g）；盐

难度
简单

1. 清洗大麦，在盐水中煮30分钟。检查黏稠程度是否符合你的口味，然后沥干水分。立即撒上2汤勺油，防止麦粒粘在一起。添加沥干的豆子。

2. 洋葱去皮切片。彩椒和红辣椒清洗后晾干，切成块，前提是首先要去除辣椒籽。在沙拉中添加所有的原料成分。

准备时间
10分钟

3. 挤压青柠（保留两片装饰用），放入其他原料成分，搅拌均匀，倒入剩余的油中。加入盐进行调味，完成。

烹饪时间
30分钟

无花果辣椒板栗面包

分量
4 人份

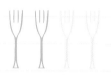

难度
稍难

准备时间
20 分钟

烹饪时间
40 分钟

2 杯荞麦粉（200g）；1 杯栗子粉（100g）；4 汤勺特级初榨橄榄油或榛子油（40g）；30g 松子；8 个无花果干；根据你的口味准备 2 根干辣椒；1.5 茶勺用于开胃菜的酵母粉（5g）；盐；迷迭香

1. 将酵母粉倒入 1.5L 的温水中。丁辣椒切碎，无花果切成块。

2. 搅拌面粉，加入油、盐、放入酵母粉的水，揉和至光滑、有黏性，面团中没有任何粉块。如有必要，再多加几汤勺水。不时用手蘸油和面。加入一半的无花果、松子和干辣椒。将其放置在温暖的地方发酵 1 个小时以上。

3. 烤箱预热至 180℃，把面团放入铺有蜡纸的面包盘中，用剩下的原料成分和迷迭香进行装饰点缀，一并放入烤箱。

4. 烘烤 10 分钟，取出后降低温度至 10℃，再烘烤 25 分钟。然后从烤箱取出面包盘，把面包翻过来，再放回烤箱，烘烤 5 分钟。从烤箱中取出面包，切割前要将面包放凉。

蔬菜全麦面包搭配柑橘橙子沙拉

分量
4 人份

面包原料：3杯自发酵全麦面粉（300g）；2个紫色胡萝卜；1个西葫芦

沙拉原料：1棵生菜；2个柑橘；1个橙子；4个紫色胡萝卜；1个新鲜红辣椒；2.5汤勺开心果（20g）；4汤勺亚麻籽、大麻和特级初榨橄榄油混合油（共40g）；12片罗勒叶；盐

难度
稍难

1. 烤箱预热至160℃。清洗面包原料的蔬菜，切成条。在撒有面粉的工作台面上展开面团，撒上蔬菜，把蔬菜卷在面团内。将其放置在温暖的地方，发酵30分钟。

2. 放入烤箱中，烘烤40分钟后拿出，把面包翻过来，再烘烤10分钟。烤熟后把面包从烤箱中取出，放凉。

准备时间
30 分钟

3. 生菜修剪、洗涤、干燥后切碎。剥去柑橘和橙子的皮，切成小方块，放在碗里。胡萝卜剥皮，切成片。红辣椒（在最后一刻切碎）、开心果和罗勒叶，放入到生菜中。

4. 撒上油和盐进行搅拌调味，与面包一起食用。

烹饪时间
50 分钟

番茄盐渍橄榄全麦面包

2.5杯全麦面粉（250g）；0.5杯燕麦粉（50g）；4汤勺特级初榨橄榄油（40g）；10个晒干的番茄；20个盐水腌制橄榄；1.5茶勺用于开胃菜的酵母粉（5g）；盐

分量
4 人份

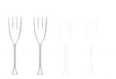

难度
稍难

1. 烤箱预热至180℃。把番茄浸泡在温水中5分钟，然后将其沥干后切成小块。把盐水腌制橄榄沥干后切碎。

2. 将酵母溶解在1杯温水中。把面粉倒入碗里，加入油和溶解有酵母粉的水，搅拌均匀。揉和混合物至表面光滑，无硬块，具有光泽。如果有必要，再多加几汤勺温水，直到你得到1块坚实但非常柔软的面团。

准备时间
2 小时35 分钟

3. 加入番茄、橄榄和调味盐，再次揉和，放置在温暖的地方发酵2个小时。然后将面团分割成几块，并制作成你所喜欢的形状。烘烤前再次发酵30分钟。

4. 在180℃的温度下烘烤10分钟，然后将温度降至160℃，再烘烤大约30分钟时间。检查面包卷内部的烘烤程度（用取食签插入面包，拔出后取食签应该是干净的）。烘烤完毕后，从烤箱中取出，食用前先放凉。

烹饪时间
40 分钟

粗粉米糕燕麦粥

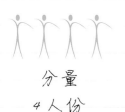

分量
4人份

米糕的原料：100g硬粒小麦；50g小米粉；50g玉米粉；100mL豆浆；1茶勺切碎的柠檬皮；10汤勺花生油（100g）；盐；胡椒粉

粥的原料：100mL燕麦粥；黑胡椒粒；1根干辣椒；盐

难度
稍难

1. 将米糕原料的面粉放置于1个尺寸合适的半底锅中，进行混合搅拌（将一半的玉米粉和小米粉放在一边，用于制作面包屑）。搅拌豆浆和柠檬皮至均匀，然后一点一点添加到面粉中搅拌，使混合物保持柔软。添加盐和胡椒粉，进行调味。

2. 继续搅拌，在低火下加热至沸腾，沸腾1分钟后，从火上取下，倒在合适的操作台上，进行冷却。

准备时间
20分钟

3. 冷却期间，将辣椒剁成末，与4~5粒黑胡椒粒混合在一起，放盐进行调味。燕麦粥中加入佐料，进行调味。

4. 当米糕坚实并放凉后，切成块，粘上剩下的面粉，在热油中炸制。

烹饪时间
10分钟

5. 把米糕穿成串，加上调味汁，在室温下放凉后食用。

藜麦糙米球

分量
4 人份

75g藜麦，煮熟并沥干；100g糙米，煮熟并沥干；30g大豆白酱；30g亚麻籽；30g葵花籽；50g面包屑；1茶勺咖喱粉；10汤勺葵花籽油（100g）；盐

难度
稍难

1. 准备拌粉，将亚麻籽与面包屑一起倒入平盘中，充分搅拌混合。

2. 把藜麦和糙米放入碗中，加入大豆白酱、咖喱粉、葵花籽和盐，进行调味。手搓成小圆球，用拌粉覆盖。

准备时间
20分钟

3. 当油被完全加热后，添加藜麦球。翻动藜麦球之前，让油没过藜麦球（2~3分钟），当炸至均匀的金黄色时，将其放在厨房纸上控油。

4. 趁热享用，如果您喜欢，还可以搭配番茄酱或谷物奶油一起食用。

烹饪时间
10分钟

糙米红米饭配脆香蔬菜

底料：100g糙米；100g红米；100g蔬菜酱；3汤勺特级初榨橄榄油（30g）；12片罗勒叶，清洗并晾干；1茶勺辣椒粉；盐和胡椒粉

装饰原料：1个胡萝卜；1个西葫芦；半个橙子皮

分量
4人份

难度
稍难

1. 烤箱预热至200℃。蔬菜和橙子皮切成条，边搅拌边翻炒。

2. 糙米和红米分开洗，然后分别用双倍体积的水覆盖，煮沸10分钟后关火，放置30分钟，使煮熟的谷物完全吸收水分。

3. 把红米放在碗里，用油调拌，加入盐和胡椒粉，调味。把糙米放在另一个碗里，加入蔬菜酱、辣椒粉、盐和胡椒粉，进行调味，搅拌均匀。

准备时间
20分钟

4. 在餐盘上准备食物时，使用一个圆圈工具作为辅助。用白米制作第一层，用3片罗勒叶进行装饰，并添加第二层红米。

5. 用脆香蔬菜进行装饰，完成。

烹饪时间
30分钟

糙米饭搭配卷心菜、洋葱和抱子甘蓝

150g 糙米；200g 皱叶甘蓝；2 头洋葱；20 个抱子甘蓝；30g 植物黄油；200mL 热蔬菜汤；盐；胡椒

分量
4 人份

难度
简单

1. 将米清洗后，放入两倍体积的水中，低火煮沸10分钟，关火，放置30分钟。

2. 将抱子甘蓝修剪、清洗，根据蔬菜大小，将其切成2块或4块。皱叶甘蓝修剪，切成条。洋葱去皮，切细。

3. 在不粘锅中熔化一半黄油，炒制洋葱成棕色后，加入抱子甘蓝和皱叶甘蓝。煮5分钟，必要时加入几汤勺的蔬菜汤。

准备时间
10 分钟

4. 当蔬菜达到你喜欢的黏稠程度时，加入完全沥干的米粒。放入盐搅拌，加入剩余的黄油，用少量油煎，进行调味。如有必要，添加更多蔬菜汤。

5. 趁热食用糙米饭，如果喜欢，可以多放点胡椒粉。

烹饪时间
20 分钟

蔬菜面筋

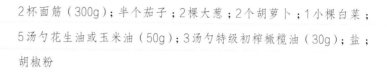

2杯面筋（300g）；半个茄子；2棵大葱；2个胡萝卜；1小棵白菜；
5汤勺花生油或玉米油（50g）；3汤勺特级初榨橄榄油（30g）；盐；
胡椒粉

分量
4人份

难度
简单

1. 将茄子切成小的四方块放在砧板上，撒上少量的盐，待腌渍
   出水分后冲洗，晾干。清洗所有其他原料，切成小块。

2. 先用热油炸制茄子。当茄子变成金色时，将其沥干，用厨房
   用纸吸掉多余的油。按照这个方式炸制其他蔬菜，每次一种
   蔬菜。最后将所有蔬菜混合在一个碗里。

准备时间
10分钟

3. 在煎锅里倒入薄薄一层橄榄油，把切成片的面筋和蔬菜一同
   放入锅内，加入盐和胡椒粉调味，并加入两汤勺热水翻炒，
   直到收干汤汁即可食用。

烹饪时间
20分钟

芦笋姜黄意面

300g姜黄意面；200g芦笋尖；3汤勺特级初榨橄榄油（30g）；1茶勺姜黄；盐；胡椒粉

分量
4 人份

难度
简单

1. 清洗芦笋尖并切成圆块。将油倒入不粘锅中，待锅炽热时，放入芦笋。翻炒至所需的黏稠程度即可（大约10分钟），必要时加入几汤勺热水。

2. 最后1分钟再加入姜黄，使其溶解在1汤勺热水中，混合翻炒后关火。

准备时间
5 分钟

3. 在煮沸的盐水中煮意面。烹至意面有嚼劲时捞出，沥干水分后添加调味品，在火上加热30秒，轻轻混合翻炒，加入几汤勺烹意大利面的水，撒上胡椒粉，即可食用。

烹饪时间
20 分钟

蔬菜辣味麦粒派

分量
4 人份

1杯麦仁（200g）；300g成熟的樱桃番茄；1个西葫芦；1茶勺姜黄；
2根芹菜梗；1头洋葱；1个胡萝卜；2汤勺特级初榨橄榄油（20g）；
面包屑；4片罗勒叶；盐；胡椒粉

难度
简单

1. 准备蔬菜，将片菜、胡萝卜和洋葱切碎，放入2L的水中烹制。
   待水蒸发一半时滤水，把蔬菜汤放回锅里。

2. 清洗麦仁，放入蔬菜汤中煮40分钟，捞出后沥干水分。保留
   半杯蔬菜汤，用于溶解姜黄。

准备时间
20分钟

3. 烤箱预热至200℃。清洗蔬菜，樱桃番茄切成两半，西葫芦
   切成条。用油涂抹烤盘，将小麦与蔬菜一起加入，并将姜黄
   倒在顶部。加入盐和胡椒粉调味，撒上面包屑，放入烤箱中，
   烘烤20分钟。

4. 烤熟后，从烤箱中将其取出，加入新鲜罗勒叶，即可食用。

烹饪时间
60分钟

全麦麦粒生菜派

200g麦仁（已煮熟）；1杯碾碎的干小麦（100g）；100g罗马生菜；100g熏豆腐干；2个胡萝卜；1头洋葱；50g大豆白酱；2汤勺面包屑（20g）；1袋藏红花；2汤勺特级初榨橄榄油（20g）；盐

分量
4人份

难度
稍难

1. 仔细清洗罗马生菜并晾干。将干小麦放入两倍体积的水中煮10分钟，关火后放置30分钟。

2. 清洗胡萝卜，并与洋葱一起剁碎。同时切好豆腐，将藏红花溶解在大豆白酱中。

3. 烤箱预热至200℃。将麦仁和碾碎的干小麦混合在一起，加入蔬菜和大豆白酱，加盐调味。烤盘底部和侧面涂抹上油，摆好罗马生菜，填充小麦混合物。

4. 撒上面包屑。烘烤20~25分钟，取出后冷却几分钟即可食用。

准备时间
20分钟

烹饪时间
35分钟

豆类食谱

豆类在任何饮食中都是一种重要的食物，尤其对素食者更是如此，原因在于豆类食物富含蛋白质，并且可以代替动物来源的食物。豆类食物味道很好，有很多品种可供选择，可以制作蔬菜通心粉汤、沙拉、派和其他任何你想要的食物。豆类植物品种丰富多样，包括豌豆、毛豆、小扁豆、大豆、蚕豆等。豆类有如此众多不同的颜色和大小可供选择，如果你想尝试豆类食物的话，每天你都可以选择食用不同的豆类食品！大块、厚实的豆子是制作沙拉的极好原料，特别是利马豆，因为它们能够在烹饪期间保持其原有形状。你可以使用蚕豆制作酱汁和酱，扁豆可以用来做汤，小豆可以用来制作果酱，豆类食物的做法无穷无尽。夏季可以品尝到新鲜的豆子，其他时间都有干燥的豆类食物可供选择，但是干豆在食用前应浸泡大约10个小时，以便更顺利地进行烹饪。由于豆类食物含有纤维，对消化系统有帮助。还有一个要点与许多人的传统认识相反，豆类食物不会使人发胖，并且，它们能够吸收液体，留给人愉悦的饱腹感。

糙米香草黑色鹰嘴豆

分量
4 人份

150g黑色鹰嘴豆；150g糙米；1汤勺切碎的香草：迷迭香、百里香、牛至；1 头洋葱；1个胡萝卜；2根芹菜茎；4汤勺特级初榨橄榄油（40g）；1汤勺酸梅醋；盐；胡椒

难度
简单

1. 将鹰嘴豆浸泡8~10小时，期间要更换几次水，浸泡好以后沥干并清洗。在约1L的盐水中煮沸，与所有清洗后的蔬菜一起烹饪大约2小时，期间不时进行翻搅。

2. 煮熟后，将鹰嘴豆沥干水分，放入盐，加入两汤勺油。将蔬菜与蔬菜汤混合，放在一边。

准备时间
10分钟

3. 与此同时，将米洗干净，盖上锅盖煮沸约30分钟。捞出沥干，加入2汤勺油和1汤勺酸梅醋。

4. 米饭和鹰嘴豆分层盛放在盘内。加入1汤勺的蔬菜汤进行装饰点缀，将餐盘放在餐桌上，加入油、胡椒，撒上香草，即可食用。

烹饪时间
120分钟

鹰嘴豆菰米粥

分量
4 人份

200g浸泡的白色鹰嘴豆；1个西葫芦；100g西蓝花；半杯菰米（50g）；50g浸泡过的红小豆；2片月桂叶；4汤勺特级初榨橄榄油（40g）；4个新鲜红辣椒；盐

难度
简单

1. 用1L的水煮鹰嘴豆和红小豆，煮熟后再放入月桂叶、西葫芦和西蓝花一起煮。调节火候，以确保豆汤在2小时的煮过程中不会蒸发太多。

2. 清洗红辣椒，将两个切碎的红辣椒放入锅中。定时翻搅。

3. 90分钟后加入菰米。如果汤看起来太少，添加适量热水。再煮30分钟，当菰米煮熟的时候，加入剩下的红辣椒、油、盐进行调味。最后趁热食用。

准备时间
10 分钟

烹饪时间
120 分钟

樱桃番茄豆腐扁豆饭

分量
4 人份

200g扁豆；1头洋葱；200g樱桃番茄；1个西葫芦；2根胡萝卜；2根芹菜梗；2个新鲜红辣椒；100g熏豆腐干；2汤勺特级初榨橄榄油（20g）；2汤勺亚麻籽油（大约20g）；4汤勺鲜榨柠檬汁（40g）；盐

难度
简单

1. 清洗芹菜、1根胡萝卜和洋葱，放入盛有1L水的锅中煮。蔬菜汤准备好后，添加扁豆，煮约1小时。如果扁豆事先在冷水中浸泡了4~5小时，则烹饪时间可减半。

2. 在煮扁豆时，准备其他蔬菜。将剩余的胡萝卜和西葫芦切成细长条，根据实际大小，把樱桃番茄切成2块或4块，豆腐干切成小块。把所有的原料放入1个大汤碗中。

准备时间
20分钟

3. 捞出扁豆，沥干水分，并将它们放入蔬菜碗中。用切片的红辣椒、油、柠檬汁、盐进行调味，并且混合均匀。可以趁热享用菜肴，也可以放凉后食用，依旧美味可口。

烹饪时间
60分钟

豆什锦

分量
4 人份

4个紫薯；4个洋蓟；1杯番茄汁（100g）；400g煮熟的混合豆类：
意式红豆和利马豆、白色鹰嘴豆、青豆；200g新鲜蘑菇（如平菇）；
4汤勺特级初榨橄榄油（40g）；2汤勺苹果醋（20g）；2片月桂叶；盐；
红辣椒

难度
简单

1. 把紫薯蒸熟。大约30分钟后，从火上拿下来，剥皮并切片。

2. 修剪和清洗洋蓟，水中放2汤勺醋，放入洋蓟煮10分钟，
   然后沥干。

准备时间
20分钟

3. 修剪蘑菇，去除茎的末端，切片。加入1汤勺油、月桂叶、番
   茄汁，煮5分钟。

4. 将蘑菇与豆类、洋蓟混合，浇上剩下的油。放入紫薯，分成4
   份，红辣椒放在一旁点缀，完成。

烹饪时间
30分钟

豆汤全麦意面

分量
4 人份

200g混合豆类（根据你的喜好选择）且浸泡；50g新鲜大豆；300g去皮番茄；2汤勺特级初榨橄榄油（20g）；1头切碎的洋葱；300g全麦意面；盐；胡椒

难度
简单

1. 将混合豆类、去皮的番茄、洋葱和油放在深底锅中，将原料混合在一起，小火加热约90分钟，定时检查，时不时添加1勺热水，以确保锅内液体状态。

2. 添加盐和胡椒调味。加入新鲜的大豆，再煮约20分钟。

准备时间
10分钟

3. 在另一个锅中放入大量的水煮意面。煮至有嚼劲时，将其转移到煮有豆类的锅内，搅拌。之后高温煮沸1分钟。

4. 享用意面，既可以带汤食用，也可以不带汤食用。无论哪种食用方式，都是美味的面食选择。

烹饪时间
120分钟

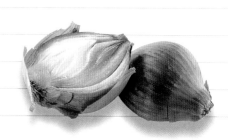

豌豆塔配白米、墨西哥辣椒和海藻

分量
4 人份

米饭原料：1杯白米（200g）；1.5茶勺海藻（5g）；1个墨西哥辣椒；1个柠檬；2汤勺油（亚麻籽油和大麻油各10g）

豌豆原料：300g新鲜绿豌豆；50g干野生豌豆；1枝迷迭香，2枝百里香，2枝马郁兰；2瓣大蒜；2汤勺油（亚麻籽油和大麻油各10g）；盐

难度
简单

1. 将干豌豆浸泡至少10个小时，尽可能多次换水，浸泡好后煮沸约2小时。捞出后沥干水分，将其倒入放有2汤勺油的锅内。

2. 修剪和切碎香草，与大蒜、绿豌豆、盐一起放在锅里搅拌，小火煮。豆类食物煮大约10分钟，如有必要，加几汤勺热水。

准备时间
10分钟

3. 同时彻底清洗白米，放入两倍体积的水，没过白米，煮约8分钟后关火，让水完全吸收。放入剩下的油、浸泡了2分钟且沥干后的海藻、新切的墨西哥辣椒和几滴柠檬汁。

4. 可分开食用米饭和豌豆，并根据需要享用。

烹饪时间
130分钟

蚕豆酱

分量
4 人份

150g干蚕豆；2头洋葱；1瓣大蒜；1茶勺切碎的香草：迷迭香、牛至、马郁兰；1汤勺混合香料粉：辣椒粉、孜然、豆蔻、香菜、姜黄；4汤勺特级初榨橄榄油（40g）；盐；4个小麦玉米饼，搭配酱汁一起食用

难度
简单

1. 将蚕豆浸泡在水中，使其软化6~10个小时。清洗蚕豆，放入1L的水中煮，加入大蒜、去皮并切碎的洋葱、香草。中火煮，定时搅拌。

2. 当蚕豆开始裂开时（30~40分钟），确保大部分的水都已经蒸发，然后加入香料和盐调味，搅拌蚕豆，增强稠度。如果太稀，可以多加热几分钟。当其达到适当的稠度后放入油。

准备时间
15分钟

3. 将蚕豆酱装盘，根据你的喜好进行装饰，与玉米饼一起搭配食用。

烹饪时间
30~40分钟

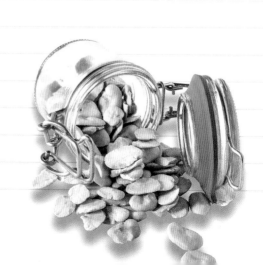

95

番茄豆酱搭配大麻籽米饭团

200g 大豆；100mL 蔬菜汤；1 汤勺番茄酱；2 杯熟糙米（200g）；100g 豆腐；50g 燕麦奶油；50g 大麻籽；10 汤勺花生油（100g）；盐；胡椒粉

分量
4 人份

难度
稍难

1. 将番茄酱放入汤料中，煮大豆。时不时进行翻搅，确保汤料不会完全蒸发掉。如有必要，添加几汤勺热水。加入盐和胡椒调味。

2. 与此同时，切碎豆腐。将豆腐与熟糙米、燕麦奶油、调味盐和胡椒粉混合。将手弄湿（确保混合物不会粘在手上），制作米饭团，根据你的个人喜好，米饭团可大可小。

准备时间
20 分钟

3. 将大麻籽倒在平板上，翻滚米饭团，使大麻籽粘满整个饭团。

4. 锅中倒入油加热，放入米饭团。待米饭团变得坚实（2~3分钟）后，翻面。当炸至均匀的金色时，从锅内取出，用厨房纸巾拭去多余的油分。

烹饪时间
20 分钟

5. 将番茄豆酱盛入碗中，搭配米饭团趁热食用。

辣椒煮菜豆

分量
4 人份

4个米饼；150g素肉；200g番茄汁；2个新鲜中辣黄贡椒；200g新鲜菜豆；盐

难度
简单

1. 将菜豆放入1L的水中，煮大约20分钟，然后查看软硬度，煮至较软时将其捞出沥干，再将素肉放入锅中。

2. 将素肉煮10分钟后，放入菜豆和番茄汁翻搅均匀，小火煮5分钟。

3. 将切碎的黄贡椒放入锅中，加盐进行调味，当番茄汁减半时，从火上取下，将炖菜放在热的米饼上食用。

准备时间
20分钟

烹饪时间
35分钟

香辣熏豆腐卷

分量
4 人份

150g熏豆腐卷，切成片；2个新鲜红辣椒；1汤勺混合调料：香菜籽和豆蔻；2汤勺特级初榨橄榄油（20克）；2汤勺酱油（20g）

难度
简单

1. 熏豆腐卷是制作意大利面、米饭等酱料的理想选择。它的烟熏味也为菜肴增添了浓烈的香味。可以将其切成块，也可以将豆腐卷展开，切成小块或细长条。

准备时间
5分钟

2. 将油倒入锅中，加入在研钵中轻轻碾碎的香料、切碎的红辣椒、熏豆腐卷切片。

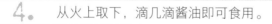

3. 在中火至高火的火候下烹炒3~4分钟，这个时间刚好足够用来炒熏豆腐卷切片，此时厨房中会充满奇妙的气味。

4. 从火上取下，滴几滴酱油即可食用。

烹饪时间
5分钟

豌豆汤煮全麦意面

分量
4 人份

200g草豌豆；100g全麦扁意面；10个晒干的番茄；1个干红辣椒；2瓣大蒜；2汤勺特级初榨橄榄油（20g）；盐；香草：鼠尾草和迷迭香

难度
简单

1. 将草豌豆浸泡在冷水中1~2天，浸泡期间需要更换几次水。

2. 准备妥当后，清洗草豌豆，放入1L的水中，连同大蒜、捣碎的辣椒和一半香草一起煮，香草需要封闭在网袋内，这样能够很容易地将它们去除。

准备时间
10分钟

3. 煮2个小时，然后取出香草袋，放入盐调味。将意面切成段，番茄切碎，与草豌豆一起煮。

4. 当意大利面煮熟时，加2汤勺油，搅拌混合后食用，剩余的香草可用来装饰菜肴。

烹饪时间
130分钟

马铃薯面疙瘩野豌豆汤

分量
4 人份

汤料：200g 野豌豆；2个马铃薯；1头洋葱；盐；胡椒粉

面疙瘩原料：4个中等大小的马铃薯；1杯白面粉（100g）；2汤勺特级初榨橄榄油（20g）；盐

难度
稍难

1. 将豌豆浸泡1天，尽可能多换几次水。浸泡好后沥干水分，放入锅中，加入2个去皮的马铃薯、切片的洋葱和大约1L的水。烹饪中不时检查，以确保锅内有足够的水，必要时可添加更多的水。

准备时间
60 分钟

2. 在此期间准备好面疙瘩。蒸煮4个马铃薯大约30分钟，然后将其捣碎，与面粉混合，不揉捏，整理成长条状，根据个人喜好，将面棒切成面疙瘩，放置于撒有面粉的烤盘上备用。

3. 当豌豆汤煮熟（大约2个小时）时，捣碎马铃薯，高温加热，减少汤中的水分。加入盐和胡椒调味。

烹饪时间
120 分钟

4. 在盐水中煮面疙瘩，经过足够的时间后，面疙瘩将飘浮到水面。将其捞出后沥干，淋上油，搭配汤一起食用。

5. 根据个人喜好，你还可以用胡椒粉进行调味。

蔬菜食谱

　　一年四季，每个季节都有不同的蔬菜可供选择，蔬菜色彩多姿，美味诱人，香味浓郁，功能多样。每个月份的蔬菜都有各自独特的味道和质地，夏季的蔬菜清爽，含有丰富的水分，能够止渴，而冬季的蔬菜更为坚实。同时，蔬菜也是均衡膳食的基础，是维生素、矿物质、膳食纤维的宝贵来源，是我们身体健康的真正伴侣！对于每一天的每一顿饮食，你都可以用野生或种植的色彩明亮的菊苣、小而实或大而多汁的美味番茄、圆白菜等叶子蔬菜或干海藻片等制作出多彩多姿的沙拉。大自然为我们提供了多种多样的蔬菜，食用蔬菜的方法更是千变万化，可以制作成蔬菜沙拉、蔬菜通心粉汤或蔬菜汤，也可以炖食或清炒。既可以单独食用，也可以与谷物和豆类食品一起搭配食用。

　　蔬菜是我们营养的重要来源，对于那些不喜欢蔬菜自然形态的人，可以将蔬菜制作成蔬菜汁和冰沙，供其享用。

大蒜、橄榄和西蓝花配螺旋藻意面

分量
4 人份

350g全谷物螺旋藻意大利面；100g西蓝花；20颗橄榄；50g豆腐；4 瓣大蒜；4汤勺特级初榨橄榄油（40g）；20个樱桃番茄；盐

难度
简单

1. 清洗西蓝花，分成小块。橄榄切成圆形。清洗樱桃番茄，根据大小切成2块或4块。豆腐切成小方块。大蒜剥皮，切片。

2. 把煮意大利面的水煮沸。在此期间，将不粘锅中倒入2汤勺的油，煸炒大蒜至变色，但不能炒糊。加入樱桃番茄、橄榄、豆腐和西蓝花。

准备时间
10分钟

3. 高火翻炒5~7分钟，关火。

4. 使用包装袋上指示说明的烹饪时间煮意大利面，沥干后添加调味品，加入2汤勺剩余的油、盐和混合蔬菜，完成。

烹饪时间
15分钟

海带味噌西葫芦汤

分量
4 人份

4个西葫芦；2个马铃薯；1头洋葱；1片海带（2~3g）；2汤勺味噌

难度
简单

1. 清洗西葫芦、洋葱，马铃薯去皮，全部切成小块，然后与海带一起放入1L的水中煮，当液体减少一半时，将汤混合搅拌。

准备时间
10 分钟

2. 大约30分钟后，汤的黏稠度会达到一定浓度，将其从火上取下。也可以再煮5~10分钟，但要不时翻搅。

3. 放置至冷却，直到温度降到大约60℃，添加味噌，搅拌均匀。

4. 味噌不应煮或添加到太热的汤（粥）内，否则味噌所含的有价值的特性可能被破坏。汤不能太咸，味噌的味道也不能太过强烈，否则会减弱汤的美味。

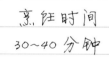

烹饪时间
30~40 分钟

南瓜籽和奇亚籽牛角面包

分量
4人份

牛角面包原料：200g素食泡芙面糊；50g豆腐；2汤勺南瓜籽（30g）；
2汤勺奇亚籽（10g）；盐；胡椒粉

馅料原料：200g平菇；2瓣大蒜；2汤勺特级初榨橄榄油（20g）；2
汤勺番茄酱（20g）；盐；胡椒粉

难度
稍难

1. 首先要准备酱汁。修剪、清洗和沥干蘑菇，然后切成片。将
油倒入平底锅中，加入大蒜、番茄酱和蘑菇，用3~4汤勺的
热水进行稀释。烹饪5分钟后，加入盐和胡椒粉调味，取出大
蒜，让酱汁冷却。

准备时间
20分钟

2. 将豆腐切成块，和南瓜籽一起与蘑菇酱混合。如果你喜欢，
可以加入盐和胡椒粉来调味。

3. 烤箱预热至200℃。将泡芙面糊放在合适的操作台面上，并用
烘焙纸覆盖，防止干燥。将面糊切成4份，均匀放置馅料后封
口，制成你喜欢的形状，并在表面撒上奇亚籽。最后放到铺
有烘焙纸的烤盘上放入烤箱。

烹饪时间
25分钟

4. 烘烤大约20分钟，当面包变成微黄色时，将其从烤箱内取出。

5. 食用前先冷却一下。

辣味西蓝花马铃薯洋葱沙拉

分量
4 人份

4个黄色马铃薯；4个紫薯；4头洋葱；400g西蓝花；200g植物奶油；100g鳄梨；1茶勺辣椒粉；盐；胡椒粉

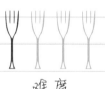

唯度
简单

1. 清洗马铃薯、紫薯、洋葱并去皮，清洗西蓝花，一起放入锅中蒸大约10分钟后，取出西蓝花，剩下的蔬菜留在锅里继续蒸。

2. 大约20分钟后，检查马铃薯、紫薯是否变软。晾干所有的蔬菜后放在碗里。

准备时间
5 分钟

3. 将鳄梨果肉搅拌成泥，加入辣椒粉、盐和胡椒粉，然后加入植物奶油。用电动搅拌器搅拌2分钟，与蔬菜一起食用。

烹饪时间
30 分钟

紫甘蓝白萝卜胡萝卜泡菜

500g 的
罐子

2根胡萝卜；400g白萝卜；400g紫甘蓝；1汤勺海盐（25g）

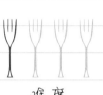

难度
简单

1. 最好使用压榨机来准备泡菜，因为压榨机有助于将液体从蔬菜中压出来；如果没有压榨机，使用重物压也可以。

2. 擦洗胡萝卜和白萝卜，与紫甘蓝分开进行清洗，然后晾干。用马铃薯削皮器削去萝卜皮，用锋利的刀切掉紫甘蓝根。

准备时间
10分钟

3. 将所有原料放入压榨机，加入盐，下压。将其放置于温暖的地方（约20℃）。蔬菜要完全浸没在液体内，乳酸发酵会使蔬菜变酸，开始出现芳香的味道，这通常需要2~3天的时间，之后，你可以把蔬菜放在一个罐子里，在冰箱里保存。

烹饪时间
0分钟

4. 你可以用泡菜来搭配沙拉，或者作为开胃菜食用。

5. 泡菜是增强肠道菌群，帮助实现正常肠液平衡的最好的食物之一。

加馅茄子

分量
4 人份

4个茄子；1.5杯红米（150g）；30g松子；1头切碎的洋葱；50g燕麦奶油；2.5汤勺面包屑（20g）；4汤勺特级初榨橄榄油（40g）；盐；胡椒粉

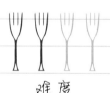

难度
稍难

准备时间
10分钟

烹饪时间
60分钟

1. 烤箱预热全200℃。冲洗红米，在热水中煮30分钟，沥干。

2. 清洗茄子。在其底部切一刀，使茄子能够立起来，顶部从茄子蒂处切开。挖出茄子内的瓤，使茄子成为1个容器。煮5分钟，然后沥干。

3. 锅里放入橄榄油，再放入切碎的茄子瓤，与洋葱、燕麦奶油和红米饭一起炒。加入盐和胡椒粉调味。

4. 放置5分钟，加入松子，混合后填充到茄子内部。顶部撒上面包屑，放入烤箱烘烤20~30分钟，取出即可食用。

大葱南瓜粥

分量
4 人份

300g南瓜（去皮）；2小根大葱；50g糙米；1头洋葱；3汤勺南瓜籽（30g）；2汤勺亚麻子油（20g）；盐；胡椒粉

难度
简单

1. 将南瓜切成块，人葱洗净，切成圆形，与糙米一起放入1L的水中，开小火煮，直到原料开始软烂。添加盐和胡椒粉调味。

2. 煮粥时宜小火慢煮，定时搅拌。大约2小时后，粥会变得浓稠，待呈奶油状时从火上取下，加入油。

准备时间
10分钟

3. 在食用之前，将洋葱切片后放入不粘锅中煎炒，添加南瓜籽，大约2分钟后关火，倒入粥中即可食用。

烹饪时间
120分钟

大葱西葫芦沙拉卷

分量
4人份

1个橙子；1棵大葱；1个西葫芦；200g紫甘蓝；1汤勺芝麻（10g）；
2汤勺特级初榨橄榄油（20g）

难度
稍难

准备时间
20分钟

烹饪时间
20分钟

1. 将西葫芦和紫甘蓝清洗后，切成丝。将一半橙子皮采用同样方式进行清洗，切成丝备用。另一半橙子切成片备用。

2. 大葱清洗后，剥开，以获得足够大的葱叶，使其成卷（每人至少2卷）。去除坚硬的葱头和绿色的葱叶部分。在盐水中煮3分钟，使其软化。

3. 烤箱预热至200℃。将油倒入锅中，加入蔬菜炸3~4分钟。从火上取下，将蔬菜铺在大葱叶上。卷起来，撒上芝麻和橙子皮。

4. 将蔬菜卷放入内衬有烘焙纸的烤盘上，放入烘箱中。烘烤大约10分钟，然后与橙子片和剩余蔬菜一起食用。

煸炒多姿蔬菜

分量
4人份

300g白萝卜；1个胡萝卜；1个紫胡萝卜；200g花椰菜；10个樱桃番茄；10颗花生；2汤勺特级初榨橄榄油（20g）；盐；胡椒粉

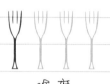

难度
简单

1. 化生去壳去皮。

2. 仔细修剪、清洗蔬菜，晾干。将蔬菜根据个人喜好切成片、圆或棍状。将油倒入不粘锅中，加入蔬菜和花生。

准备时间
10分钟

3. 大火翻炒5~7分钟，炒出香味，注意不要炒煳。添加盐和胡椒粉调味，趁热食用。

烹饪时间
5~7分钟

大豆白酱烤蔬菜

分量
4 人份

100g藜麦；1个西葫芦；半个茄子；2个煮熟的马铃薯；10个樱桃番茄；100g西蓝花；1枝迷迭香；1枝新鲜牛至；200g大豆白酱；1汤勺姜黄；1茶勺混合种子：奇亚籽和亚麻籽；2汤勺特级初榨橄榄油（20g）；盐；调味用红辣椒

难度
简单

1. 修剪香草，去除其坚硬、粗糙的部分。

2. 藜麦煮10分钟，捞出后沥干水分，倒入碗中。修剪、清洗并晾干所有蔬菜，根据个人喜好进行改刀。

准备时间
10分钟

3. 将姜黄溶解在大豆白酱中。烤箱预热至200℃，并给烤盘涂抹油。

4. 将所有原料混合在一起，放入盐，加入种子和新切的红辣椒。

5. 将混合的原料倒入烤盘中，均匀分布，在烤箱中烘烤20分钟。从烤箱内取出即可食用。

烹饪时间
30分钟

水果和面粉食谱

上午或者下午点心时间过后，我们都会有一段享用时令水果的美好时光，通常还会伴随着几片面包，比如面包和葡萄、面包和无花果或李子等。我们的祖辈已经总结了关于营养的一切常识，而且，专家也建议在饭前或作为一天的小吃，每天都应该吃一些水果。每个月，大自然都会为我们提供各种不同的新鲜水果。今天，随着全球化的推进以及大型零售商店的出现，我们可以在任何地方、任何时间品尝到我们最喜欢的水果。然而，食用水果更好的方式是经常吃那些当地产的、季节性水果。

水果是素食饮食中不可或缺的食物，丰富了素食饮食，除了水果的天然美味外，它们还是许多菜肴的基础原料，从甜点到果汁、冰沙和果泥。即使是干果（核桃、杏仁、开心果、松子、榛子等），也是打造均衡饮食以及精力充沛的健康身体的营养来源。

苹果红莓饼干

分量
4人份

2个苹果；50g新鲜红莓；1汤勺红莓干（约15g）

难度
稍难

1. 烤箱预热至180℃，烘焙纸铺在烤盘上。清洗苹果后去皮，切成小块。

2. 把苹果块放在烤箱里烘干，但不要让它们颜色变暗。如有必要，可以降低温度。定时检查，大约1个小时后，从烤箱中取出。

准备时间
20分钟

3. 同时，修剪、洗涤、晾干红莓，用叉子捣碎。将红莓与红莓干一起添加到苹果中，充分混合。

4. 取1张保鲜膜铺在台面上，把混合好的材料平铺在上面后包裹好。放到容器内，容器顶部需放置重物压3个小时。

烹饪时间
60分钟

5. 最后把混合的材料放入冰箱，顶部仍需放置重物，至少放置1天，定型后切成小块食用。

夹心米花酥

分量
4 人份

8块圆形小米花酥；5粒去核枣；30g杏仁粉；30g切碎的杏仁；1汤勺燕麦片（15g）；1汤勺朗姆酒（约15g）；2汤勺葡萄汁（20g）

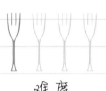

难度
简单

1. 将枣、燕麦片、朗姆酒和葡萄汁混合成馅料，放入杏仁粉，搅拌均匀。在每对米花酥之间放入大量的馅料。

2. 将切碎的杏仁倒在盘子上，拿着米花酥在杏仁上滚动，使杏仁包裹住中间的馅料。

3. 放入冰箱大约1个小时，制作出冰冻甜点的小吃。

准备时间
15 分钟

4. 如果你想为孩子们做这款夹心米花酥，可以用相同量的葡萄汁或杏仁奶替代朗姆酒。

烹饪时间
0 分钟

柑橘辣椒酱

1.5 kg柑橘；200g金橘；1杯蔗糖（200g）；2个新鲜中辣红辣椒（或调味粉）

分量
4个罐子

难度
简单

准备时间
10分钟

烹饪时间
80分钟

1. 清洗柑橘。把一半柑橘切成两半，挤压出柑橘汁液，并除去橘核。切剩余的柑橘，留下外皮。清洗金橘，切片，去除核。

2. 清洗红辣椒，去除辣椒梗和籽，切成小块，和糖一起放在锅里。加入所有其他原料，煮大约1小时。定时翻搅，以确保柑橘不会粘在锅底。

3. 当柑橘类水果的果皮变得柔软，质地符合你的口味要求后，从火上取下，倒入罐子里。盖上盖子，煮沸罐子大约20分钟进行消毒。

4. 冷却并储存在阴凉、避光的地方。

水果枣糕

分量
4 人份

10粒枣；1根香蕉；1个桃子；2个杏；2个李子；8颗草莓；1颗柠檬

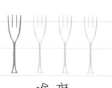

难度
简单

1. 清洗杏，去除杏核，枣去核，香蕉去皮，混合在一起后搅烂。

2. 将混合后的材料分成4部分，在冰箱中冷却大约2个小时做成枣糕。

准备时间
15分钟

3. 修剪、清洗所有剩余水果，并用厨房纸擦干。把水果切成小块，放在碗里，用柠檬汁覆盖。

4. 准备食用时，首先码一层水果，然后添加一层枣糕，接着再码一层水果。甜点可以冷冻食用或软化之后食用。

烹饪时间
0分钟

核桃夹心无花果

12个坚硬、成熟的无花果；12颗核桃仁；2个猕猴桃；4个中辣红辣椒；3汤勺麦芽糖浆或枫糖浆（45g）

分量
4人份

难度
简单

1. 清洗红辣椒，切成圆形。清洗无花果，在其顶部横切1个开口。插入核桃仁，每个无花果中间放入1片或2片辣椒。

2. 将无花果放在烤箱专用盘子上。

3. 既可以在室温下直接食用，也可以在220℃的烤箱中烘烤10分钟后再食用。清洗猕猴桃，切成片，可作为食用无花果的底料。

准备时间
5分钟

4. 这款夹心无花果无论加热还是常温食用，都是美味食物，而且制作过程非常简单！

烹饪时间
10分钟

136

角豆"巧克力"

分量
4 人份

2汤勺角豆粉（约30g）；1汤勺麦芽（15g）；2汤勺全麦粉（20g）；
50g燕麦奶油；选择装饰用的干果：开心果、杏仁等。

难度
简单

1. 将角豆粉筛入平底锅，加入麦芽、全麦粉和燕麦奶油。

2. 搅拌至面糊光滑、柔软、无硬块。边加热边持续翻搅，直至
其煮沸后立即停止加热。

准备时间
10 分钟

3. 将面糊倒入你所选择的模具中，用干果进行装饰，然后放
在冰箱里冷冻成型。

4. 当"巧克力"成型后，翻过来放在盘中，当然也可以将其留
在模具中直接食用。

烹饪时间
3~5 分钟

醉酒干果

分量
4 人份

4个桃子；4个李子；8个草莓；200mL 白葡萄酒；2个柠檬；2个杏；
1个苹果

难度
简单

1. 烤箱预热至250℃，烤盘上铺上蜡纸。清洗苹果和杏子并晾
   干，切成片，撒在烤盘上，放入烤箱。

2. 大约5分钟后，翻动苹果片，10分钟后翻动杏子片。再过5
   分钟后，从烤箱拿出苹果，10分钟后从烤箱拿出杏子，自然
   冷却。

准备时间
10分钟

3. 洗涤其他水果后擦干水，切成小块，放入碗里，倒入酒和新
   榨的柠檬汁。

4. 分盛入酒杯中，室温下与干果一起食用。

烹饪时间
20分钟

美酒水煮梨

分量
4 人份

2~3个梨；1个橙子；5个丁香；1根肉桂棒（约2cm）；1汤勺蔗糖（15g）；500mL甜白葡萄酒（莫斯卡托）

唯度
简单

1. 清洗梨和橙子。把梨切成小块，橙子皮切成火柴棒粗细。

2. 挤压橙子，将果汁过滤到锅中。

3. 加入香料、梨、葡萄酒、橙子皮和糖，在小火下烹饪，直到梨达到所需的软度（通常20~30分钟即可）。

准备时间
10 分钟

4. 从火上取下，冷却一下即可食用。

烹饪时间
20~30 分钟

草莓和香蕉果馅卷

分量
4 人份

300g泡芙面糊；2个香蕉；200g草莓；4汤勺切碎的榛子（40g）；4
个去核的枣

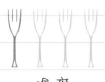

难度
简单

准备时间
15分钟

1. 将草莓修剪、清洗，用厨房纸擦干，然后切成片。香蕉去皮，
切成厚圆片。

2. 烤箱预热至200℃。将烘焙纸铺在烤盘上。将泡芙面糊铺展
开，放置在合适的工作台面上。

3. 将枣混合成泥，放置于点心的中心。把水果和一半切碎的榛
子放在它的顶部。折叠面糊，确保在烹饪过程中果汁不会泄
漏。将剩余的切碎榛子撒在上面。

4. 放入烤箱中烘烤大约25分钟。取出后冷却，切片食用。

烹饪时间
25分钟

枸杞柠檬燕麦蛋糕

分量
4 人份

50g 燕麦片；30g 椰子粉；30g 杏仁粉；50g 全麦粉；100mL 椰奶或杏仁奶；5 汤勺玉米油（50g）；2 汤勺枸杞（20g）；1 个柠檬的外皮；1.5 茶勺制作饼干的酵母粉（5g）

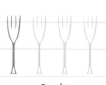

唯度
简单

1. 烤箱预热至180℃，将烘焙纸铺在烤盘上。枸杞在牛奶中浸泡大约5分钟。

2. 在碗中混合椰子粉、杏仁粉、全麦粉和油，加入椰奶（或杏仁奶）与燕麦片充分混合。最后添加酵母粉、枸杞和柠檬皮。

准备时间
15 分钟

3. 将混合好的材料倒入蛋糕模中，放入烤箱烘烤大约30分钟，取出后静置5分钟，并将蛋糕转移到蛋糕盘上。待其完全冷却后切割食用。

烹饪时间
30 分钟

开心果杏仁蛋糕

50g全麦粉；50g杏仁粉；50g椰子粉；80g切碎的开心果（50g+30g）；
100mL椰奶或杏仁奶；30g切片杏仁；2茶勺制作蛋糕的酵母粉
（6g）；1汤勺特级初榨橄榄油（10g）

分量
4块蛋糕

难度
稍难

1. 烤箱预热至180℃。

2. 选取1个分为4部分的模具或者4个玛芬模具，在模具中滴1滴油，涂抹均匀。用30g切碎的开心果填充在2个模具的底部和侧面，另外2个模具用切片杏仁填充。

准备时间
20分钟

3. 将全麦粉、椰子粉和椰奶（或杏仁奶）平均放在2个碗内，搅拌均匀，然后一个碗中加入杏仁粉，另一个碗中加入剩余的切碎的开心果。添加酵母粉，混合后平均分配在模具中。

4. 烘烤30分钟后取出，食用前先冷却。

烹饪时间
30分钟

黑巧克力椰子蛋糕

100g 燕麦粉；50g 椰子粉；50g 燕麦奶油；2 汤勺麦芽（约30g）；1.5
茶勺制作蛋糕的酵母粉（5g）；50g 黑巧克力；可选：500mL 椰奶或燕
麦牛奶、干邑白兰地

分量
4 块蛋糕

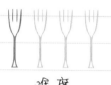

难度
简单

1. 把巧克力分成4块。烤箱预热至180℃。

2. 将燕麦粉倒入碗中，加入 2/3 的椰子粉、麦芽、燕麦奶油和酵
   母粉，搅拌。

准备时间
10分钟

3. 充分混合面糊至光滑、无硬块。如果面糊太干，加入两三汤
   勺椰奶或燕麦牛奶将其软化；如果你喜欢更芳香的味道，可
   以用酒作为原料，如干邑白兰地。

4. 将1个分为4部分的模具（或者4个单独的玛芬模具）底部和
   侧面用油润滑，用剩余的椰子粉将其覆盖。每个模具填充一
   半高度的面糊，再添加1块巧克力，放入烤箱之中。

烹饪时间
25分钟

5. 烘烤大约25分钟后取出，冷却5分钟后即可食用。

桃子杏仁榛子蛋糕

50g荞麦粉；50g燕麦粉；50g榛子粉；100mL杏仁牛奶；2汤勺切碎的榛子（20g）；2个桃子；4汤勺蔗糖（20g）；1.5茶勺蛋糕用酵母粉（5g）

分量
4人份

难度
简单

1. 清洗桃子，切成片。烤箱预热至180℃。

2. 将荞麦粉、燕麦粉和榛子粉混合在1个碗里，待均匀混合后，缓慢加入杏仁牛奶，搅拌至面糊光滑、无硬块，添加酵母粉。

准备时间
10分钟

3. 将烘焙纸铺在烤箱盘上，填充一半高度的面糊，用桃片、切碎的榛子和蔗糖进行装饰。

4. 放入烤箱烘烤20~25分钟，中途不时进行检查，确保蛋糕没有变干或烤煳。

烹饪时间
20~25分钟

5. 从烤箱中将其取出，冷却后即可食用。

木莓红莓燕麦蛋糕

分量
4 块蛋糕

难度
简单

准备时间
10 分钟

烹饪时间
20～25 分钟

60g 燕麦片；30g 小米粉；2 汤勺麦芽（约 30g）；100mL 燕麦牛奶；1 汤勺红莓（约 15g）；100g 木莓；30g 人造黄油；1.5 茶勺蛋糕用酵母粉（5g）；1 汤勺特级初榨橄榄油（10g）

1. 烤箱预热至 180℃，用油涂抹 1 个分为 4 部分的模具（或者 4 个单独的玛芬模具）内侧。将酵母粉溶解在燕麦牛奶中。

2. 混合燕麦片与小米粉加入燕麦牛奶、麦芽和室温下软化的人造黄油。当所有材料充分混合后，加入红莓和一半木莓。

3. 将混合好的面糊平均分放在 4 个部分的模具中，撒上剩余的木莓。

4. 烘烤 20～25 分钟后取出，冷却后即可食用。

关于作者

　　作为一名专注于葡萄酒和食品领域的理疗师、自由记者和摄影师，辛西娅·特伦奇与国内外出版社合作出版了许多有关食谱的书籍。同时作为一名充满激情的厨师，她也曾供职于多家意大利杂志社，涵盖区域性美食、传统美食、长寿美食和自然特色美食，为这些杂志提供文章和照片，包括她自己所创作的菜肴。她的食谱图书包括原创和创意菜肴，这些菜肴提供给读者新的风味组合和不同寻常的食物搭配，在确保食品风味特性的同时，也不缺乏食物的营养特性，实现了膳食期间的最佳营养均衡，从而带来了健康改善。她住在蒙费拉托市皮埃蒙特地区，整个居所都沉浸在一片绿色植物之中。除了为她的菜肴做装饰外，她还使用自家花园里种植的鲜花、香草和蔬菜制作原始的酱汁和调味品。

与白星出版社（White Star Publishers）合作出版的书籍包括《无谷蛋白——美食食谱》（Gluten~Free,gourmet Recipes）、《无脂肪——美食食谱》（Fat free,gourmet Recipes）、《红辣椒——辣味激情》（Chili Pepper, Moments of Spicy Passion）、《我最喜欢的食谱》（My Favorite Recipes）、《冰沙和果汁——玻璃杯中的健康和能量》（Smoothies & Juices, Health and Energy in aglass）、《汉堡——50种简单食谱》（Hamburgers, 50 Easy Recipes）、《杯子蛋糕——甜食食谱》（Mug Cakes, Sweet & Savory Recipes）、《解毒——清洁饮食实用提示和食谱》（Detox, Practical Tips and Recipes for Clean Eating）、《超级食品——健康滋养和能量食谱》（Superfoods, Healthy, Nourishing and Energizing Recipes）。